高等职业教育"十三五"规划教材

中文版 AutoCAD 2017 实用教程

主　编　郑晓鸿

副主编　李玉仁　林叶云

U0316864

中国铁道出版社有限公司
CHINA RAILWAY PUBLISHING HOUSE CO., LTD.

内 容 简 介

本书采用最新的 AutoCAD 2017 版本进行软件使用交互式介绍。主要包括基础知识、方法技巧和实例应用三部分内容，详略得当，体系简洁，结构合理，适用性强。本书以"一事多法"为原则，注重强调平面图形绘图方法的多样性和灵活性，力求满足应用型人才培养的需要；注重理论应用实践的效果，每章节内容均有大量的例题讲解，例题设计多采用大众生活中事物图形和国家职业技能考证题型，同时适当地插入了一些相关注意事项的知识点说明，能够吸引读者，提高读者兴趣点。

本书除了可作为高等职业教育非计算机类理工科相关专业 AutoCAD 应用技术的教学用书，也可供各类培训、计算机从业人员和爱好者参考使用。

图书在版编目（CIP）数据

中文版 AutoCAD 2017 实用教程/郑晓鸿主编. —北京：中国铁道出版社，2017.8（2024.1 重印）
高等职业教育"十三五"规划教材
ISBN 978-7-113-23330-3

Ⅰ.①中… Ⅱ.①郑… Ⅲ.①AutoCAD 软件-高等职业教育-教材 Ⅳ.①TP391.72

中国版本图书馆 CIP 数据核字(2017)第 184756 号

书　　名：中文版 AutoCAD 2017 实用教程
作　　者：郑晓鸿

策　　划：李露露　　　　　　　　　　　　编辑部电话：（010）63549458
责任编辑：李露露
编辑助理：钱　鹏
封面设计：付　巍
封面制作：刘　颖
责任校对：张玉华
责任印制：樊启鹏

出版发行：中国铁道出版社有限公司（100054，北京市西城区右安门西街 8 号）
网　　址：http://www.tdpress.com/51eds/
印　　刷：天津嘉恒印务有限公司
版　　次：2017 年 8 月第 1 版　　2024 年 1 月第 4 次印刷
开　　本：787 mm×1 092 mm　　1/16　　印张：16.5　　字数：390 千
书　　号：ISBN 978-7-113-23330-3
定　　价：42.00 元

前言

《教育部关于以就业为导向 深化高等职业教育改革的若干意见》中明确指出，高等教育职业院校必须把培养学生的动手能力、实践能力和可持续发展能力放在突出的地位，促进学生技能的培养。同时，要依照国家职业分类标准及对学生就业有实际帮助的相关职业证书的要求，调整教学内容和课程体系，把职业资格证书课程纳入教学计划之中，将证书课程考试大纲与专业教学大纲相衔接，改进人才培养方案，创新人才培养模式，强化学生技能训练，使学生在获得学历证书的同时，顺利获得相应的职业资格证书，增强毕业生就业竞争能力。据此，编者结合目前课程教学改革的要求，基于以证代考的思路，以应用教学为主线，强化职业技能培训，编写了此书。

本书是专门为全国高等职业院校非计算机类理工科相关专业学生编写的教材，可作为高职院校学生考取国家职业资格证（计算机辅助设计 AutoCAD 平台）的培训教材。其内容以学生为主体，由浅入深、循序渐进，生动详细地介绍了使用计算机辅助设计软件来绘制图形的思路、流程及其具体步骤，让学生真正做到"做中学"。

本书在内容上整体体系结构有别于传统的教材，全书由基础知识、方法技巧和实例应用三篇组成。

本书特点如下：

（1）突出对学生实践动手能力的培养。本书以基于工作过程的程序化教学为主线来组织教材内容，首先引入项目情境，演示精美作品，激发学生的学习兴趣，然后讲授在设计中的思路、方法，并对相关知识进行讲解，突出实践操作技能，培养和提高学生的动手能力。

（2）教材内容编排以就业为导向、以实用为目的，注重与企业的实际需求相结合。教材里的例题部分来源于企业中的真实案例和职业资格考试的题库，实用性、趣味性强，能激发学生学习的主动性。其中，丰富的项目讲解，恰到好处的模仿训练，独立的综合实训，把理论与实际应用、模仿与创造完美地结合起来，形成过硬的使用技能，为学生就业上岗打下坚实的基础。

（3）包含多年教学、教改经验的积累与总结。本书是一线教师多年来参与教学、教改的经验积累与总结，实用性和操作性强。

（4）易教易学。书中提供了素材和最终效果图，课后有典型习题，方便及时巩固所学知识。

本书除了可作为高等职业教育非计算机类理工科相关专业 AutoCAD 的教学用书，也可供各类培训、计算机从业人员和爱好者参考使用。

本书由厦门安防科技职业学院郑晓鸿任主编，李玉仁、林叶云任副主编。参与本书整理及校对工作的还有叶国通院长、崔荫副院长、王玉鼎教授等院领导，在此一并表示感谢。

由于作者水平有限，本书难免存在一些不足之处，欢迎广大读者提出宝贵意见。

编　者

2017 年 3 月

目 录

第一篇 基础知识

第 1 章 概述

1.1 什么是 CAD 2
1.2 为什么学 CAD 3
1.3 怎么学好 CAD 3

第 2 章 AutoCAD 2017 集成开发环境

2.1 安装 5
2.2 启动、工作空间与退出 9
2.3 AutoCAD 2017 用户界面 14

第 3 章 AutoCAD 基本操作

3.1 鼠标、键盘的使用 23
3.2 对象选择 24
3.3 视图缩放平移 25
3.4 夹点编辑 28
3.5 命令调用 29
3.6 辅助功能 31
3.7 文件管理 38

第二篇 方法和技巧

第 4 章 绘图工具

4.1 点 44
4.2 直线 46
4.3 构造线（参照线） 49
4.4 圆 51
4.5 圆弧 52
4.6 圆环 54
4.7 椭圆 56
4.8 椭圆弧 57
4.9 多段线 59
4.10 正多边形 62
4.11 矩形 66
4.12 修订云线 71
4.13 样条曲线 72
4.14 多线 76
4.15 填充 81
4.16 面域 88
4.17 块和属性 93

第 5 章 编辑工具

5.1 删除 111
5.2 修剪 112
5.3 复制 117
5.4 镜像 119
5.5 偏移 120
5.6 阵列 124
5.7 移动 131
5.8 旋转 132
5.9 缩放 134
5.10 拉伸 137
5.11 延伸 141
5.12 打断 143
5.13 合并 145
5.14 分解 147
5.15 倒角 148
5.16 圆角 149

5.17 编辑对象特性 151

第 6 章 图层
6.1 创建及设置图层 153
6.2 控制图层状态 156
6.3 有效地使用图层 157
6.4 改变对象颜色、线型及线宽... 158
6.5 管理图层 159

第 7 章 文字标注与表格
7.1 文字标注 168
7.2 创建与编辑表格 177

第 8 章 尺寸标注
8.1 尺寸的组成 184

8.2 标注样式 184
8.3 标注尺寸 188
8.4 编辑尺寸 196

第 9 章 显示控制
9.1 重画和重生 207
9.2 设置视口 208

第 10 章 图像输出
10.1 配置图形设备 215
10.2 打印样式 216
10.3 快速打印 218
10.4 布局打印 219
10.5 虚拟打印 221

第三篇 实 例 应 用

第 11 章 文件操作与环境设置
专题训练 1 226
专题训练 2 227
专题训练 3 228

第 12 章 基本图形绘制辑
专题训练 1 231
专题训练 2 232
专题训练 3 233

第 13 章 图形属性与编辑
专题训练 1 235
专题训练 2 236
专题训练 3 237

第 14 章 精确绘图
专题训练 1 240

专题训练 2 242
专题训练 3 245

第 15 章 尺寸标注与文字
专题训练 1 248
专题训练 2 249
专题训练 3 251

第 16 章 文件输出
专题训练 1 253
专题训练 2 254
专题训练 3 256

参考文献 258

第一篇

基础知识

第1章 概　　述

　　AutoCAD 是一款功能强大的绘图软件，是目前应用最为广泛的辅助设计软件之一。这一章节主要从什么是 CAD、为什么要学 CAD 以及怎么学好 CAD 这三个方面内容进行介绍，让用户在学习 CAD 之前能对 CAD 有正确的认识。

1.1　什么是 CAD

1.1.1　定义

　　CAD（Computer Aided Design，计算机辅助设计）是指利用计算机及其图形设备帮助设计人员进行设计工作。与传统的工程制图方式相比，CAD 可以高效、便捷、精确地完成用户对有关图形数据的加工工作。

　　CAD 技术起源于 20 世纪 50 年代，AutoCAD 是美国 Autodesk（欧特克）公司专为企业开发的一款交互式绘图软件，是计算机辅助设计领域最受欢迎的绘图软件之一。AutoCAD 从 1982 年首次推出自动计算机辅助设计软件 1.0 版本，到目前 2017 版本，其功能越来越强大。

1.1.2　应用

　　CAD 可以用于二维和三维制图设计，通过它无需懂得编程代码，即可绘制图形，用户可以使用它来创建、浏览、管理、打印、输出、共享及应用设计图形。因此它在全球各领域里都被广泛地应用，例如：

- 建筑（房屋、土木……）；
- 制造（航天航空、汽车、机械……）；
- 电子集成电路；
- 市政建设（公路桥梁、城市道路交通……）；
- 轻工纺织等其他领域。

1.1.3　品牌

　　由于 CAD 技术已经深入渗透到当前各行各业的生产与经营的众多环节，因此对企业来说要想提高竞争力，一个重要的管理手段便是提高企业的设计以及管理效率，这对 CAD 软件的发展来说机遇和挑战并存。虽然我国在 CAD 技术方面的应用和开发起步比较晚，发展至今也涌现出了一批优秀的 CAD 软件厂商（见表 1–1）。

表 1-1 CAD 国内外部分不同品牌及其特点一览表

品 牌	特 点
AutoCAD	国际上著名的二维和三维 CAD 设计软件，国际上主流的绘图工具。默认文件格式 ".dgw"
浩辰 CAD	国产 CAD 设计软件，由苏州浩辰软件股份有限公司开发，目前最新版本为浩辰 CAD 2017
中望 CAD	国产 CAD 设计软件，由广州中望龙腾软件股份有限公司开发并在 2001 年推出了第一个版本，目前最新版本为中望 CAD 2017。值得一提的是，目前在福建省技能大赛中，各承办院校所承办的建筑 CAD、建筑工程识图等赛项使用的都是中望 CAD
天正 CAD	国产 CAD 设计软件，由北京天正工程软件有限公司开发，研发了以天正建筑为龙头的包括暖通、给排水、电气、结构、日照、市政道路、市政管线、节能、造价等专业的建筑 CAD 系列软件，专业针对性强。在目前国内中小企业中，尤其是在设计单位里使用的比较多

1.2 为什么学 CAD

充分了解学习 CAD 的重要性，对于激发用户学习 CAD 的主观能动性具有重要意义。

一方面，从高职院校对人才培养方案来看。很多高职院校对学生获取毕业证书都有硬性要求，或"两证一书"，或"三证一书"。大部分非计算机专业理工科学生，为了能具备这一条件，均选择考取 CAD 职业资格证书。

另一方面，从个人专业能力和社会发展需求来看。随着 CAD 在各行各业的应用不断深入，不论是设计人员、技术人员，还是一线的工人，都应学习 CAD。学习 CAD，不仅掌握了画图技能，还学习了与制图相关的知识，进一步提高了专业水平。

随着高职院校课程改革的不断深入，对人才培养以满足企业对岗位技能的需求为出发点，越来越多的高校对计算机辅助设计这门课程的考核方式，已从原来传统的校内上机实操考试转变为以证代考，即学生参加人力资源和社会保障部全国计算机信息高新技术考试计算机辅助设计 AutoCAD 模块考试，简称为"国家计算机高新技术考试"。该模块考试分为以下三个不同等级考试：

- 全国职业教育资格认证 CVEQC 初级；
- 全国职业教育资格认证 CVEQC 中级；
- 全国职业教育资格认证 CVEQC 高级。

1.3 怎么学好 CAD

一分耕耘一分收获，学好 CAD 主要是取决于用户的学习态度和方法。学习是一个循序渐进的过程，需要端正学习态度，必须明白想要学好 CAD 不能一蹴而就，需要持之以恒的精神和坚持不懈的努力。态度固然重要，而学习的方法得当也是至关重要。

首先，常用命令要掌握。工欲善其事，必先利其器，学好 CAD 最根本就是要学会常用命令的使用。AutoCAD 是一款功能很强的软件，即便是同样的图形，也可以用不同的命令不同的方法来绘制。对于 AutoCAD 的一些常用命令（见表 1-2），特别是绘图、修改和标注命令必须识记掌握并能熟练运用，这将大大提高用户进行日常绘图的效率。

其次，要注重绘图"算法"能力的训练培养。很多人在学习了 AutoCAD 后，发现掌握了命令的使用方法，但遇到一张较为复杂的图形需要绘制时就束手无策，不知该从何下手。出现这种问题是因为用户没有掌握绘图的"算法"（即绘图流程步骤的分析能力），没有清晰的绘图思路。这种能力的培养，一方面要求用户综合灵活地运用所学习到的各种命令，从简单图纸入手，认真打好基础，培养绘图的基本思路；另一方面要求用户要换位思考，从手工绘图的角度来思考制图的过程，要知道 AutoCAD 只是用户的绘图手段，而绘图的基本思路和步骤不会因手段而改变。只有这样，用户才能处理好复杂的专业图纸绘制工作。

最后，循序渐进。欲速不达，但在实际中，很多人都希望在一两天内能用 CAD 完成三维设计。试想一下，如果一个人连相对直角坐标和相对极坐标都没明白，怎么可能去由浅入深、由简到繁地掌握 AutoCAD 的各种各样的功能呢？所以在学习 AutoCAD 时，必须脚踏实地理解每一个概念，学习和掌握每一个命令。

表 1-2 AutoCAD 常用命令快捷键一览表

绘 图 命 令		修 改 命 令		尺 寸 标 注	
命　令	快 捷 键	命　令	快 捷 键	命　令	快 捷 键
多线	ML	复制	CO	直线标注	DLI
多段线	PL	镜像	MI	对齐标注	DAL
样条曲线	SPL	阵列	AR	半径标注	DRA
构造线	XL	偏移	O	直径标注	DDI
正多边形	POL	移动	M	角度标注	DAN
矩形	REC	删除	E	中心标注	DCE
圆+D=直径	C	分解	X	点标注	DOR
圆弧	A	修剪	TR	快速引出	LE
椭圆	EL	旋转	RO	基线标注	DBA
圆环	DO	延伸	EX	连续标注	DCO
点	PO	拉伸	S	标注样式	D
直线	L	直线拉长	LEN	编辑标注	DED
定距等分	ME	打断	BR	文字样式	ST
定数等分	DIV	倒角	CHA	设置颜色	COL
多行文字	MT	倒圆角	F	封闭	C
单行文字	DT	修改文本	ED	平移	P,
图案填充	BH	比例缩放	SC	Z↓E↓	显示全图
块定义	B	插入块	I	修改特性	CTRL+1
切换视图	CTRL +TAB	切换程序	ALT+TAB	保存文件	CTRL+S
打开文件	CTRL+O	新建文件	CTRL+N	复制	CTRL+C
放弃	CTRL+Z	剪切	CTRL+X	极轴	CTRL+U
粘贴	CTRL+V	正交	CTRL+L	恢复	R
对象追踪	CTRL+W	取消（放弃）	U		

第2章　AutoCAD 2017集成开发环境

虽然 AutoCAD 版本随时间的推移得到不断的更新，AutoCAD 的功能也不断在扩大，但 AutoCAD 主体的命令操作基本上是不变的，尤其是二维平面图形的绘制部分。而不断推陈出新的更高版本，最直观的变化还是集中在 AutoCAD 的界面集成开发环境上和一些实用功能的扩展。

鉴于目前版本的更新交替，以及国家职业资格考试（计算机辅助设计 AutoCAD 平台）所采用的版本趋势，本书就以 AutoCAD 2017 版本为对象进行介绍。

AutoCAD 2017 版本除了其他历史版本的功能特点外，还新增了以下几个功能：

- 将 PDF 文件中的几何图形作为 AutoCAD 2017 对象导入到当前图形中；
- 新增 Autodesk 桌面应用程序，轻松管理软件更新；
- 智能关联的中心线和中心标记；
- AutoCAD 360 Pro 移动应用程序。

2.1　安装

AutoCAD 2017 软件安装主要的方式包括光盘安装和硬盘安装。随着计算机技术和网络技术的不断发展，硬盘安装的方式越来越普及化。以下针对硬盘安装的方法做详细介绍。

Step1. 将硬盘中已下载好的 AutoCAD 2017 32/64 位安装压缩包进行解压，如图 2-1 所示（如果安装包已解压，此步骤可跳过）。

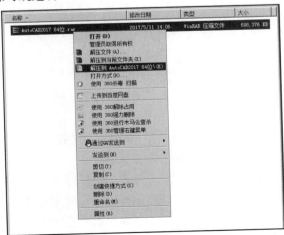

图 2-1　"AutoCAD 2017 安装压缩包解压"对话框

> **注意：** 从 AutoCAD 2008 开始，Autodesk（欧特克）公司就推出了 32 位和 64 位的两种版本的产品，用户要安装哪个版本主要取决于用户计算机的操作系统。也就是说，若用户的系统是 32 位的，则需要安装相对应的 32 位版本的 CAD；若用户的系统是 64 位的，则需要安装对应的 64 位版本的 CAD，如图 2-2 所示。

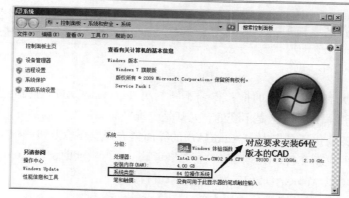

图 2-2 操作系统类型与 AutoCAD 安装版本要求

Step2. 在解压好的安装包文件夹里，双击"setup.exe"进行安装，如图 2-3 所示。

Step3. 双击安装应用程序后，打开"AutoCAD 2017 安装初始化"界面，经过初始化自动进入到"AutoCAD 2017 安装向导"选择对话框，如图 2-4 所示。

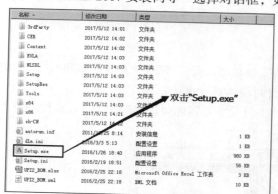

图 2-3 "AutoCAD 2017 安装包解压后文件"对话框

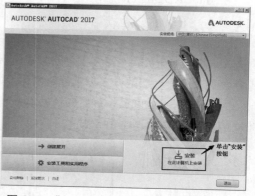

图 2-4 "AutoCAD 2017 安装向导"对话框

Step4. 在图 2-4 所示的对话框中，单击"安装"按钮，则打开"许可协议"确认界面，如图 2-5 所示。

Step5. 在图 2-5 所示的对话框中，单击"下一步"，则打开"配置安装"界面，进行"自定义安装选项"和"安装路径"的设置，如图 2-6 所示。

Step6. 在图 2-6 所示的对话框中，单击"安装"，则打开"安装进度"界面，如图 2-7 所示。

Step7. 安装过程需要一段时间，待全部产品都自动安装完成后，此时会自动弹出"安装完成"的对话框，如图 2-8 所示。单击"完成"，完成安装并返回计算机桌面，此时在桌面生成了"AutoCAD 2017 – 简体中文（Simplified Chinese）.exe"快捷图标。

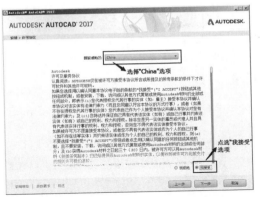

图 2-5　"Autodesk CAD 2017 软件许可协议"对话框

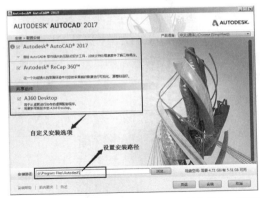

图 2-6　"Autodesk CAD 2017 配置安装"对话框

图 2-7　"Autodesk CAD 2017 安装进度"对话框

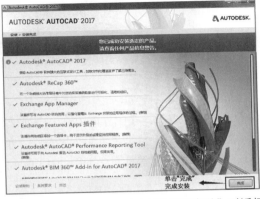

图 2-8　"Autodesk CAD 2017 正在安装"对话框

Step8.　在安装完成后，首先需要断开网络连接。然后双击桌面的"AutoCAD 2017 - 简体中文（Simplified Chinese）.exe"快捷图标，运行 AutoCAD 2017 软件，进入程序启动界面，如图 2-9 所示。

图 2-9　"Autodesk CAD 2017 程序启动"界面

Step9.　在启动过程中，程序会自检许可协议。若程序刚安装未注册，启动程序后会先弹出

7

要选择许可类型的对话框，如图 2-10 所示。

　　Step10.　　AutoCAD2017 提供了多种激活注册的方式，在这以"输入序列号"为例。单击选择对话框中的"输入序列号"，则打开"AutoCAD 许可-必须填写产品信息"的窗口，如图 2-11 所示。

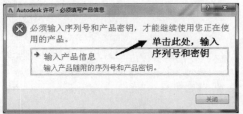

图 2-10　"选择许可类型"对话框　　　　　　图 2-11　"AutoCAD 许可-必须填写
　　　　　　　　　　　　　　　　　　　　　　　　　产品信息"对话框

　　Step11.　　在图 2-11 所示的对话框中，单击"输入产品信息"选项，则打开"AutoCAD 许可-激活选项"界面，在此界面中输入序列号和产品密钥，如图 2-12 所示。

　　Step12.　　在图 2-12 所示的对话框中，单击"下一步"，则打开并显示刚才所输入的产品的序列号、密钥和申请号等信息，如图 2-13 所示。

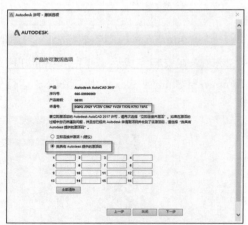

图 2-12　"AutoCAD 许可-激活选项"　　　　图 2-13　"AutoCAD 许可-激活选项"
　　　输入产品序列号和密钥对话框　　　　　　　　产品许可激活选项对话框

　　Step13.　　在如图 2-13 所示的对话框中，单击选择"我有 Autodesk 的激活码"选项。将光标定位在"我有 Autodesk 的激活码"下面的"1 栏"里，然后按【CTRL+V】组合键把刚才复制的激活码字符串粘贴下去，如图 2-14 所示。

　　Step14.　　在如图 2-14 对话框中，单击对话框中的"下一步"开始激活。随即打开"激活完成"的界面，这就意味着激活成功了。最后点击右下角的"完成"完成激活，如图 2-15 所示。

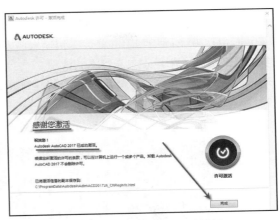

图 2-14　"粘贴激活码字符串"对话框　　　　　图 2-15　"激活完成"对话框

2.2　启动、工作空间与退出

2.2.1　AutoCAD 2017 启动

完成 AutoCAD 2017 安装过程后，程序的启动方法有如下 3 种：

（1）可以执行"开始"|"所有程序"|"Autodesk"|"AutoCAD 2017 – 简体中文（Simplified Chinese）|AutoCAD 2017 – 简体中文（Simplified Chinese）"命令启动 AutoCAD 2017。

（2）直接在计算机桌面上双击（鼠标左键）"AutoCAD 2017 – 简体中文（Simplified Chinese）"快捷键图标启动 AutoCAD 2017，或者在计算机桌面上右击"AutoCAD 2017 – 简体中文（Simplified Chinese）"快捷键图标，在弹出的下拉菜单中执行"打开"命令。

（3）直接双击"*.dwg"（扩展名为 dwg）文件，系统会自动打开 AutoCAD 2017 并载入 CAD 文件。

启动 AutoCAD 2017 后，首先进入到"AutoCAD 2017 开始"界面，如图 2-16 所示。

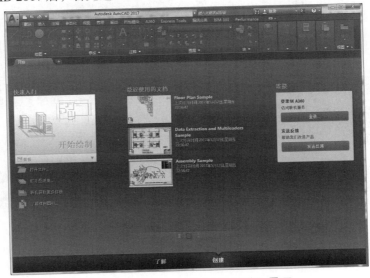

图 2-16　"AutoCAD 2017 开始"界面

在这个界面中，用户可以通过选择"了解"选项卡（见图 2-17），在"了解"选项卡界面中通过 AutoCAD 2017 新增功能的概述、快速入门视频介绍、学习提示以及联机资源等板块内容，进一步提升对 AutoCAD 2017 新版本的认识。

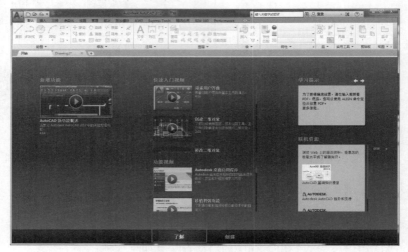

图 2-17 "AutoCAD 2017 开始|了解"界面

在 AutoCAD 2017 开始界面里，另一选项卡是"创建"AutoCAD 文档的功能，如图 2-18 所示。

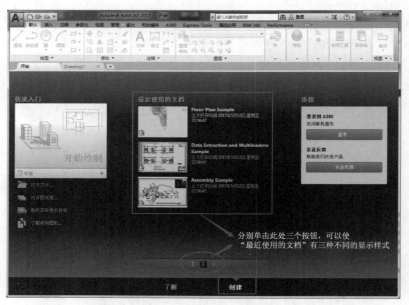

图 2-18 "AutoCAD 2017 开始|创建"界面

在"AutoCAD 2017 开始|创建"界面中，可以实现以下几个主要的功能：

① 利用默认样板快速新建一个文档，也可以通过选择特定的样板来新建一个文档，如图 2-19 所示。

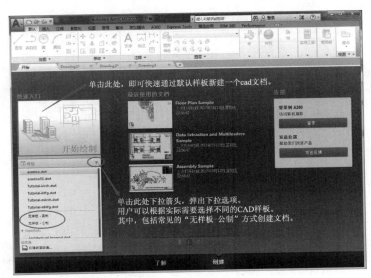

图 2-19　"AutoCAD 2017 创建文档"界面

② 打开已有的图形文件。

③ 打开图纸集。

④ 快速打开最近使用的文档。

除了上述的新建图形文件的方法外，在 AutoCAD 2017 中，用户也可以通过"开始"选项卡右边的"新图形"按钮 （见图 2-20），来创建一个新图形文档。

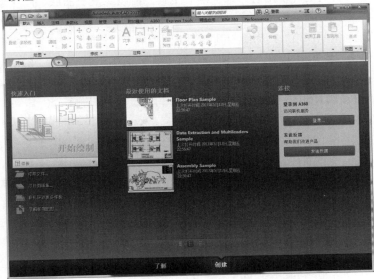

图 2-20　单击"新图形"按钮创建文档

待上述创建新图形文档操作完成后，就进入到了 AutoCAD 2017 的图形文档工作界面了，如图 2-21 所示。

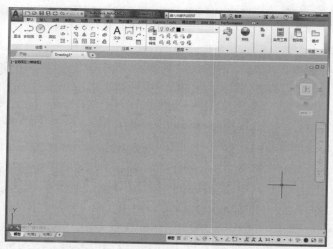

图 2-21　AutoCAD 2017 用户工作界面

2.2.2　AutoCAD 2017 工作空间

（1）工作空间模式

AutoCAD 2017 工作空间分为"草图与注释"、"三维基础"和"三维建模"三种模式，用户可以根据实际不同的需求进行切换选择。

① "草图与注释"空间：该模式为 AutoCAD 默认的工作空间，如图 2-21 所示。该空间提供了绘制二维平面图形所需的许多工具。如：绘图工具、修改工具、图层、图块创建插入、文字标注及尺寸标注等。

② "三维基础"空间：该模式为绘制基础三维图形的工作空间，如图 2-22 所示。在该模式下，用户可以轻松地创建三维几何实体，并对所绘制的基础三维图形进行选择、编辑和修改等操作。

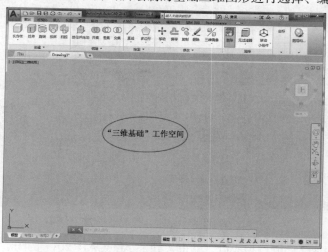

图 2-22　"AutoCAD 2017 三维基础"工作空间

③ "三维建模"空间：在该模式下，用户可以方便地创建出更为复杂的三维几何图形，也可

以对三维几何图形进行编辑和修改等操作，如图 2-23 所示。

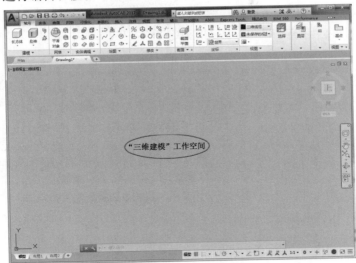

图 2-23　"AutoCAD 2017 三维建模"工作空间

（2）工作空间切换

AutoCAD 2017 工作空间切换有两种常见的方法，即在"快速访问"工具栏中切换工作空间和在"状态栏"中切换工作空间。

① 通过"快速访问"工具栏切换工作空间。

Step1.　在用户工作空间左上方的"快速访问"工具栏中单击"自定义快速访问工具栏"下拉按钮，在弹出的菜单中选择"工作空间"命令，如图 2-24 所示。

Step2.　在用户工作空间左上方的"快速访问"工具栏中显示"工作空间"列表框后，单击"工作空间"下拉按钮，在弹出的"工作空间"下拉列表中选择需要的工作空间即可进行切换，如图 2-25 所示。

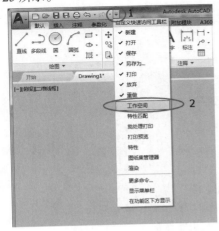

图 2-24　"自定义快速访问工具栏"
下拉按钮选择"工作空间"

图 2-25　"工作空间"列表选择所需工作空间

② 通过"状态栏"切换工作空间。

Step1. 在用户工作空间右下方的"状态栏"中单击"切换工作空间"按钮 ⚙ ▾。

Step2. 在弹出的"工作空间"下拉列表中选择需要的工作空间即可进行切换，如图 2-26 所示。

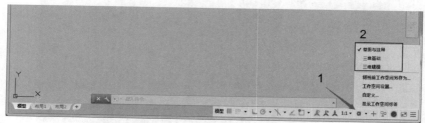

图 2-26　在 状态栏"工作空间"列表中选择所需工作空间

2.2.3　AutoCAD 2017 退出

要退出 AutoCAD 2017，有以下 3 种方法：

（1）在 AutoCAD 2017 主界面窗口的标题栏上，单击"关闭"按钮。

（2）在"文件（F）"下拉菜单中单击"退出 Auotdesk AutoCAD 2017"选项。

（3）在命令行，输入"EXIT"或"QUIT"，然后回车（按【Enter】键）。

2.3　AutoCAD 2017 用户界面

AutoCAD 2017 的用户界面与 Windows 环境下的许多应用程序相似，主要由标题栏、功能区、状态栏、绘图区、命令行和十字光标等部分组成，如图 2-27 所示。

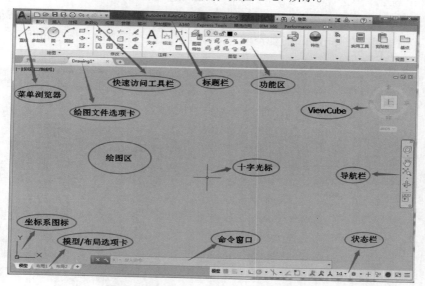

图 2-27　AutoCAD 2017 用户工作界面

2.3.1　标题栏

启动 AutoCAD 2017 后，标题栏位于应用程序窗口的最上方，如图 2-28 所示。AutoCAD 2017 的标题栏主要包括菜单浏览器、快速访问工具栏、程序名、图形文件名和控制窗口按钮等。

图 2-28　"AutoCAD 2017 用户界面"标题栏

- 程序菜单浏览器图标：标题栏最左边图标，单击此图标弹出一个下拉菜单，可以执行图形文件的各种命令，如：新建、打开、保存、另存为、输入、输出、发布、打印、退出等。
- 快速访问工具栏：用于存储 AutoCAD 2017 程序经常使用到的一些命令，如：新建、打开、保存、打印、放弃及重做等。
- 程序名：包括当前程序的名称 Autodesk AutoCAD 和版本号 2017。
- 图形文件名：标题栏中显示的信息 "Autodesk AutoCAD 2017—Drawing2.dwg" 代表当前正在运行的文件名等信息。随着文件保存路径的不同，文件名等信息也随之改变。
- 控制窗口按钮：标题栏最右边图标，包括可以进行窗口的最小化、最大化或关闭应用程序窗口的三个按钮。

2.3.2　菜单栏

AutoCAD 2017 默认的用户工作界面里不显示菜单栏，用户可以通过操作将其菜单栏调出来。具体方法如下：

在用户工作空间左上方的"快速访问"工具栏中单击"自定义快速访问工具栏"下拉按钮，在弹出的菜单中选择"显示菜单栏"命令，如图 2-29 所示。

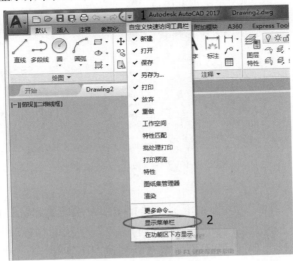

图 2-29　"自定义快速访问工具栏"下拉按钮选择"显示菜单栏"

如图 2-30 所示，调出来后的菜单栏位于标题栏之下，菜单栏提供了 AutoCAD 2017 中用于绘图工作所需的所有命令，包括文件、编辑、视图、插入、格式、工具、绘图、标注、修改、参数、窗口、帮助和 Express（该功能为快捷扩展功能，通常称为 ET 工具，可选择性安装，如图 2-6 "Autodesk CAD 2017 配置安装"对话框所示。）等 13 个功能菜单，而菜单在实际的应用中有下拉菜单和快捷菜单两种不同表现形式。

图 2-30　"AutoCAD 2017 用户界面"标题栏

（1）下拉菜单

下拉菜单栏的功能非常强大，几乎可以包含所有 AutoCAD 2017 的功能和操作命令，如图 2-31 所示。下拉菜单中的命令类型有三种。

① 单击直接执行的命令；

② 命令后面跟有 ▶ ，表示该命令下面还要下级命令；

③ 命令后跟有"…"，表示单击此命令，执行后出现一个对话框。

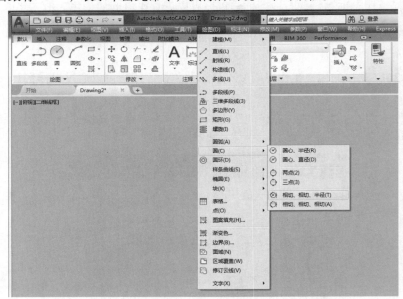

图 2-31　"下拉菜单"对话框

（2）快捷菜单

快捷菜单俗称"右键菜单"，又称上下文相关菜单。在绘图窗口、工具栏、状态栏、"模型"选项卡右击，将会弹出一个快捷菜单，该菜单中的命令与系统的当前状态有关，显示的内容根据状态不同而不同。使用它们可以在不启动菜单栏的情况下快速、高效地进行操作，如图 2-32 所示。

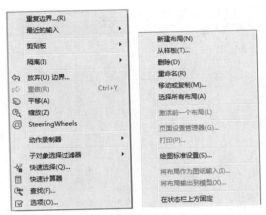

图 2-32　"快捷菜单"对话框

> 📍 **备注**：选择"帮助（H）"主菜单中的"帮助（H）"，或直接按【F1】功能键，即可打开 AutoCAD 2017 的帮助菜单项，如图 2-33 所示。

图 2-33　"AutoCAD 2017 帮助：用户文档"窗口

2.3.3　绘图区

绘图区又称绘图窗口，它是用户绘图的工作区域，用户所做的一切工作，如绘制图形、标注尺寸、输入文本等都要反映在该窗口，可以把绘图区域理解为一张可大可小的图纸，由于可以设置图层(图层相关知识请参考本书相关章节)，绘图区域还可以理解为透明的多张图纸重叠在一起。用户可以根据需要关闭某些工具栏，以增大绘图空间，如图 2-34 所示。

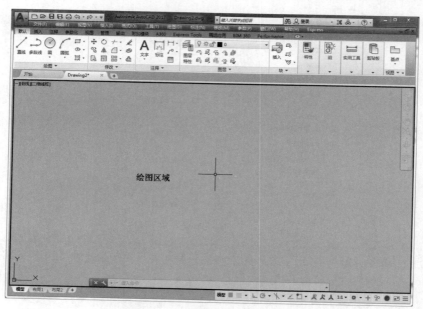

图 2-34　AutoCAD 2017 绘图区

对于刚装好的 AutoCAD 2017，运行时其绘图区界面显示颜色或许会与以往历史版本显示的效果不一样（如：AutoCAD 2007 版本），这个其实可以设置的，可根据个人的需求设置。具体步骤如下所述：

Step1.　单击"工具"下拉菜单的"选项"，或者直接在 CAD 绘图区右击，在弹出的快捷下拉菜单中选择"选项"，也可以直接在命令行窗口中直接输入"OP"，如图 2-35 所示。

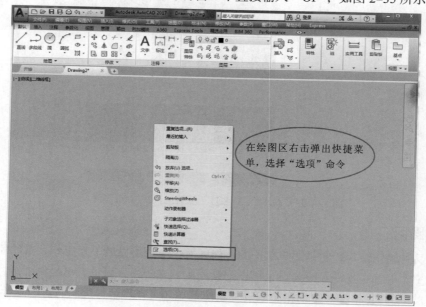

图 2-35　进入"选项"设置窗口前操作对话框

Step2. 执行上步操作后，调出"选项"对话框，选中"显示"选项卡，进行"显示"的参数配置，如图 2-36 所示。

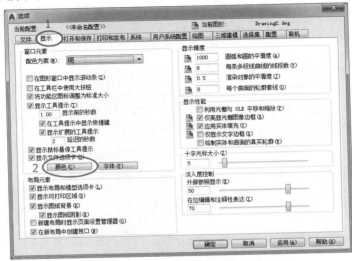

图 2-36　"选项"设置对话框

Step3. 选择颜色，进入图形窗口颜色的设置对话框，单击右面的颜色下拉箭头，在弹出的下拉颜色下表中，向下单击"选择颜色"选项，如图 2-37 所示。

Step4. 进入"选择颜色"界面，这里以选择索引号为"62"颜色为例，如图 2-38 所示。然后单击"确定"按钮。

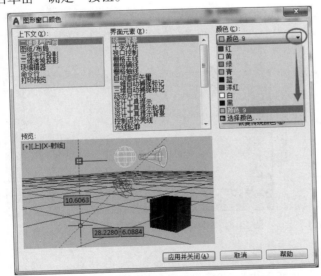

图 2-37　"图形窗口颜色设置"对话框

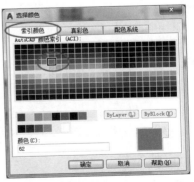

图 2-38　"选择颜色"对话框

Step5. 返回"图形窗口颜色"对话框，单击"应用与关闭"，返回"选项"对话框，再先后单击"应用"和"确定"按钮，此时绘图区的颜色对应发生变化。

2.3.4　命令行

"命令行"窗口紧邻状态栏之上，用于接受用户输入的命令，并显示 AutoCAD 在命令执行过程中的提示信息。如图 2-39 所示，AutoCAD 2017 默认情况下，命令行是一个浮动窗口，可以在当前命令行提示下输入命令、对象参数等内容。命令行也可以拖放为一个固定的窗口，如图 2-40 所示。

图 2-39　AutoCAD 2017 命令行浮动窗口

图 2-40　AutoCAD 2017 命令行固定窗口

> **备注**：文本窗口是记录 AutoCAD 命令的窗口，是放大的"命令行"窗口，它记录了已经执行的命令，也可以用来输入新命令，如图 2-41 所示。
> 调用显示 AutoCAD 文本窗口可以通过按【F2】功能键实现，取消的话可以再次按【F2】功能键或点击文本窗口右上角的关闭按钮。

值得说明的是，AutoCAD 2017 要出现图 2-41 所示的文本窗口，命令行需在固定窗口状态下，执行【F2】才能获得此效果。若命令行在浮动窗口状态下，执行【F2】所显示的文本窗口的效果如图 2-42 所示。

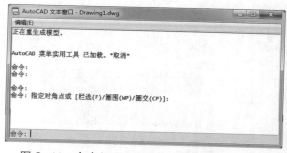

图 2-41　命令行在固定窗口状态下的文本窗口

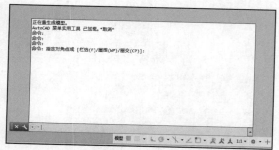

图 2-42　命令行在浮动窗口状态下的文本窗口

2.3.5　状态栏

状态栏位于绘图区域下方，紧邻命令行，主要用来显示 AutoCAD 当前的状态，如当前光标的坐标，"捕捉"、"栅格"、"极轴"、"对象捕捉"、"对象追踪"、"线宽"和"模型"等模式的开启或关闭状态以及按钮的说明等。用户使用时，单击该按钮一次则开启该辅助功能，再单击一次则又关闭该辅助功能，如图 2-43 所示。

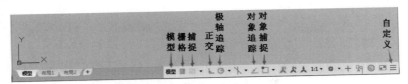

图 2-43　AutoCAD 2017 状态栏

- "模型"：可以实现绘图空间的转换，即可使当前模型空间切换至图纸（布局）空间。
- "栅格"：控制打开或关闭栅格显示效果（屏幕上显示按一定的规则均匀分布的栅格点）。
- "捕捉"：与栅格功能开启配合使用，实现控制光标只能在设置的"捕捉间距"上进行移动。
- "正交"：开启该功能后，光标只能沿着水平和垂直方向进行移动，该功能方便用在绘制水平及垂直线。
- "极轴追踪"：开启该功能，可以实现移动光标捕捉设置的极轴角度上的追踪线，用于绘制一定角度的线条。
- "对象捕捉"：打开对象追踪，在执行 AutoCAD 命令过程中，当提示指定点时，移动光标可以自动捕捉到图形中所需的特征点，如中点、圆心、端点、切点及垂点等。
- "对象追踪"：开启该功能后，当自动捕捉到图形中某个特征点时，再以这个点为基准点沿正交或极轴方向捕捉其追踪线上的特定点。
- "自定义"：单击此按钮，可以弹出设置状态栏工具按钮的下拉菜单，可以选择或取消状态栏中显示的按钮。若要将对应的工具按钮在状态栏中显示出来，则选择菜单中未选中的选项，而被选中的对象前面均带有 "√" 标记，相反未被选中的对象前面没有"√"标记，如图 2-44 所示。图 2-45 所示为状态栏上新增"线宽"按钮效果。

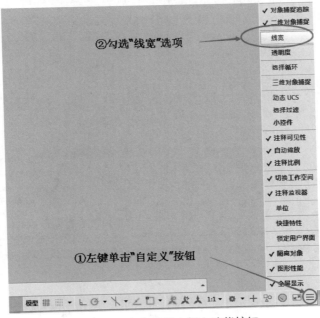

图 2-44　自定义状态栏上功能按钮

新增"线宽"按钮

图 2-45　状态栏上新增"线宽"按钮效果

2.3.6　功能区

功能区是 AutoCAD 实现命令调用的最便捷常用的方法之一，位于 AutoCAD 2017 标题栏和菜单栏下方。功能区包括选项卡和面板两部分，面板上的每一个图标按钮都是一个 AutoCAD 命令，通过单击图标按钮，即可执行相应的命令。默认情况下，功能区包括默认、插入、注释、参数化、视图、管理、输出及附加模块等部分，如图 2-46 所示。

图 2-46　"AutoCAD 2017 功能区"

> 💡 **备注**：如果要显示或隐藏的功能区上的选项卡或面板，可以在功能区右边任意空白的位置右击，系统会弹出一个快捷菜单，如图 2-47 所示，在相应的"显示选项卡"和"显示面板"菜单选项打上"√"即可显示隐藏的选项卡和面板。相反，如果要隐藏某一个选项卡或面板，在相应的菜单选项去掉"√"即可。

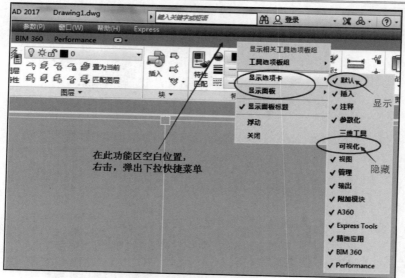

图 2-47　"AutoCAD 2017 调用功能区选项卡和面板"对话框

2.3.7　十字光标

十字光标是 AutoCAD 绘图时所使用的光标，可以用来实现定位、选择和绘制图形对象，使用鼠标绘图时，可以根据十字光标的移动，直观地看到图形的相对位置关系。

第 3 章　AutoCAD 基本操作

　　工欲善其事，必先利其器。在这一章节中，用户将学习到在使用 AutoCAD 绘图时如何正确使用鼠标和键盘、选择对象、AutoCAD 辅助功能介绍以及 AutoCAD 命令调用的方式和文件管理等基本操作的知识点，为接下来进一步学习 AutoCAD 绘图的方法和技巧打下坚实的基础。

3.1　鼠标、键盘的使用

3.1.1　鼠标的使用

　　如图 3–1 所示，通常的鼠标包括左、右键和中间的滚轮，这三个功能键在 AutoCAD 绘图操作的过程中，有着不同的功能和用途。

- 左键：主要用于选择对象、点选菜单项、命令图标以及输入点（称拾取）。
- 右键：主要用于结束本次命令、重复上次命令。
- 滚轮：主要用于视图缩放和平移。

图 3–1　鼠标和键盘

3.1.2　鼠标的状态

　　在 AutoCAD 操作中，鼠标的状态直接表现在绘图区域里光标形状的不同。换句话说，鼠标处于不同的使用状态，其光标的形式是不一样的，具体见表 3–1。

表 3–1　CAD 鼠标使用状态图标及其含义

光标形式	含　义
⯁	● 表示系统处于待命状态

续表

图 标	含 义
＋	● 表示光标处于绘图状态
□	● 表示光标处于选择对象状态

3.1.3 键盘的使用

如图 3-1 所示，AutoCAD 命令都可以通过键盘的快捷键或快捷键组合的方式来实现调用，而且灵活地使用键盘进行 AutoCAD 命令的输入操作，可以大大提高绘图的工作效率。其中，空格键【Spacebar】和回车键【Enter】的作用相同，都等同于使用鼠标右键，即执行或是结束命令的意思。

3.2 对象选择

使用编辑命令时需要选择被编辑对象，所选对象构成一个选择集。AutoCAD 提供了多种构造选择集的方法。默认情况下，用户能够逐个拾取对象，也可利用矩形、交叉窗口一次选取多个对象。而在 AutoCAD 中要完成对象的选择，通常都是借助鼠标的操作来完成的。

3.2.1 用矩形窗口选择对象

当 AutoCAD 提示选择要编辑的对象时，用户在图形元素左上角或左下角单击，然后向右移动鼠标光标，AutoCAD 显示一个实线矩形框窗口，让此窗口完全包含要编辑的图形对象，在框选过程中，已完全在矩形框内图形也会在视觉上呈现"加粗"的效果，再单击一下鼠标左键，矩形窗口中的所有对象（不包括与矩形边相交的对象）被选中，被选中的对象将以虚线形式表示出来，如图 3-2 所示，如果要结束模式，按【Esc】键即可。

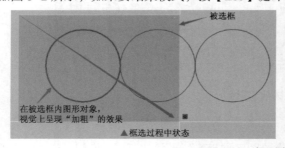
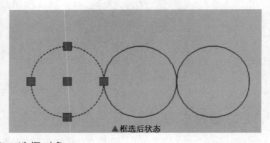

图 3-2 矩形窗口选择对象

3.2.2 用交叉窗口选择对象

当 AutoCAD 命令行里提示"选择对象"时，在要编辑的图形元素右上角或右下角单击一点，然后向左拖动鼠标光标，此时出现一个虚线矩形框，使该矩形框包含被编辑对象的一部分，而让其余部分与矩形框边相交，再单击一点，则框内的对象和与框边相交的对象全部被选中，如图 3-3 所示，如果要结束选择模式，同样按【Esc】键即可。

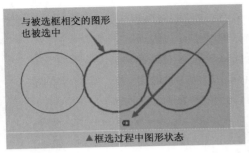

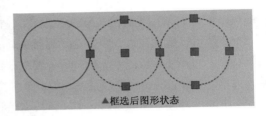

与被选框相交的图形也被选中

▲框选过程中图形状态

▲框选后图形状态

图 3-3 交叉窗口选择对象

3.2.3 给选择集添加或去除对象

编辑过程中，用户构造选择集常常不能一次完成，需要向选择集中添加或删除对象。在添加对象时，可直接选取，也可利用矩形窗口、交叉窗口选择要加入的图形元素。若要删除对象，可先按住【Shift】键，同时再通过鼠标左键操作从选择集中选择要清除的图形元素。

3.3 视图缩放平移

AutoCAD 2017 的图形缩放及移动功能是很完善的，使用起来也很方便。绘图时，经常通过绘图区栏右侧的导航栏上的"缩放按钮"、"平移按钮"或鼠标滚轮来完成这两项功能，如图 3-4 所示。此外，不论 AutoCAD 命令是否运行，右击可弹出快捷菜单，使用快捷菜单上的"缩放"及"平移"命令也能实现同样的功能，如图 3-5 所示。

"平移"按钮

"缩放"按钮

图 3-4 AutoCAD 2017 导航栏上"平移"和
"缩放"按钮

图 3-5 绘图区域右击
并弹出快捷菜单

3.3.1 缩放图形

1. 实时缩放

单击主菜单栏"视图"|"缩放"，选择"实时"命令，或选择右键快捷菜单上的"缩放"命

令，或单击导航栏上的缩放命令按钮下拉箭头 ▼ ，选择"实时缩放"（见图 3-6），AutoCAD 进入实时缩放状态，且是以屏幕中心为基点的实时缩放。此时，鼠标光标变成放大镜形状 ，按住鼠标左键向上拖动鼠标光标，就可以放大视图，向下拖动鼠标光标就缩小视图。要退出实时缩放状态，可按【Esc】键或【Enter】键或右击打开快捷菜单，然后选择"退出"命令。

若使用的是鼠标中间的滚轮，则向前转动滚轮，AutoCAD 将围绕鼠标光标所在的位置放大图形，向后转动滚轮，则缩小图形。

2. 窗口缩放

在绘图过程中，用户经常要将图形的局部区域放大，以方便绘图。绘制完成后，又要返回上一次的显示，以观察绘图效果。利用缩放中的"窗口缩放" 及 "缩放上一个" 可实现这两项功能。

（1）通过"窗口缩放" 放大局部区域

单击绘图区右侧的导航栏中的缩放按钮下拉箭头 ▼ ，选择"窗口缩放"，则在导航栏上就显示出"窗口缩放"按钮图标 。此时，AutoCAD

图 3-6　导航栏"缩放"命令的下拉快捷菜单

提示"指定第一个角点："，拾取 A 点，再根据 AutoCAD 的提示拾取 B 点，如图 3-7（a）所示。矩形框 AB 是设定的放大区域，其中心是新的显示中心，系统将尽可能地将该矩形内的图形放大以充满整个程序窗口，如图 3-7（b）所示，是显示了放大后的效果。

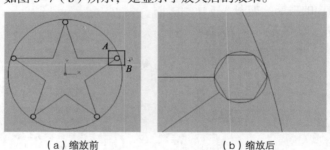

（a）缩放前　　　　　　　　　　（b）缩放后

图 3-7　局部缩放

（2）通过"缩放上一个"返回上一次的显示

单击绘图区右侧的导航栏中的"缩放"命令按钮下拉箭头 ▼ ，选择"缩放上一个"，则在导航栏上就显示出"缩放上一个"按钮图标 。此时，AutoCAD 将显示上一次的视图。若用户连续单击此按钮，则系统将恢复前几次显示过的图形。绘图时，常利用此项功能返回到原来的某个视图显示状态。

3. 将图形全部显示在窗口中

如图 3-8 所示，要实现将图形全部显示在绘图窗口中，可以有以下操作方法。

● 双击鼠标滚轮，将所有图形对象充满图形窗口显示出来。

● 单击主菜单栏"视图"｜"缩放"，选择"范围"命令，则全部图形以充满整个程序窗口的状态显示出来。

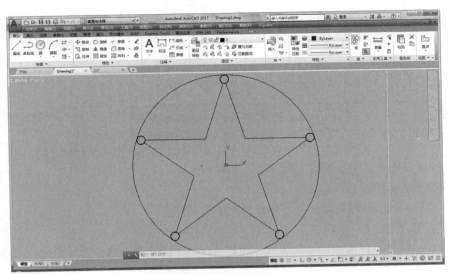

图 3-8　图形全部显示在窗口中

- 右击，选择"缩放"命令，再次右击，选择"范围缩放"命令，则全部图形充满整个程序窗口显示出来。
- 单击绘图区右侧的导航栏中的缩放按钮下拉箭头 ▼ ，选择"范围缩放"，或直接单击导航栏中的"范围缩放"按钮 ❐ 。

4. 利用命令行进行图形缩放

除了以上 1 ～ 3 所述的视图缩放方法外，也可以通过 AutoCAD 命令行输入"缩放"命令"Z"并按【Enter】键后进行各种视图缩放类型的选择操作，如图 3-9 所示。

图 3-9　命令行缩放窗口

其中，要说明与上述实时缩放和窗口缩放不同的是：

- 全部缩放，将所有物体与打印纸张共同显示在屏幕上。
- 中心缩放，以中心点为圆心，以距离为半径所画的一个圆内所有对象将被缩放。

3.3.2　平移图形

1. 实时平移

要实现图形实时平移，可以有以下 3 种操作方法：

- 单击主菜单栏"视图"|"平移"，选择"实时平移"命令，或右击在弹出快捷菜单选择"平移"命令，或单击绘图区右侧导航栏上的"平移"命令按钮 ✋ ，AutoCAD 进入实时平移状态，绘图区里的光标变成手的形状 ✋ ，此时按住左键并拖动鼠标光标，就可以平移视图。要退出实时平移状态，可按【Esc】键或回车键或右击打开快捷菜单，然后选择"退出"命令。

- 若使用的是滚轮鼠标，按住滚轮并移动鼠标光标，则图形被移动了。
- 也可以通过 AutoCAD 命令行输入缩放命令"P"，回车或右击或按空格键，执行实时平移操作。要退出实时平移状态，可右击在弹出的快捷菜单中选择退出或者按【Esc】键取消平移。

> **备注**：透明平移是 AutoCAD 透明操作的一种具体表现形式，所谓"透明"指在操作的过程中穿插执行其他的指示命令，被穿插的命令不会被终止。

在执行命令过程中，要实现透明平移的方式有两种：

- 输入命令："P"；
- 按住滚轮并移动鼠标光标（目前也是最常用的一种）。

2．其他类型平移

AutoCAD 提供了不同需求的平移方式（见图 3-10），因这些平移方式在实际绘图时不常用，具体操作的方式就不在这里详细阐述了，读者可自行了解。

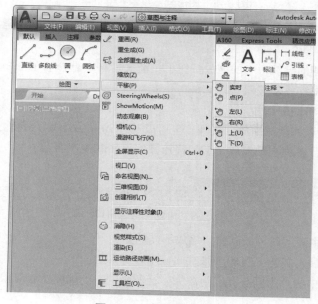

图 3-10　其他平移方式

3.4　夹点编辑

选择对象后，当夹点显示呈蓝色（称为冷态）时，单击某点，可使其夹点显示呈红色（称为热态），此时可进行两种操作：

- 移动此夹点至合适位置，单击改变此夹点的位置，从而使物体的形状发生变化。
- 右击，弹出快捷菜单，可做移动、镜像、复制、旋转、延伸等操作，如图 3-11 所示。

通常用户在绘图时，可以充分利用夹点的便利性来快速达到移动、旋转、复制物体和改变物体形状等目的。

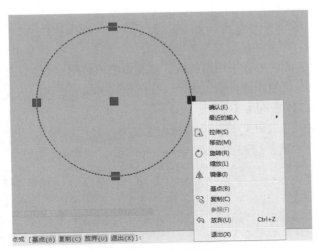

图 3-11　夹点编辑

3.5　命令调用

AutoCAD 命令的调用常见的有 4 种方法，学会命令调用的方法是灵活掌握 AutoCAD 绘图技能的一个非常重要的环节。

3.5.1　菜单栏

在前面介绍过，AutoCAD 的菜单提供了用于绘图工作所需的所有命令。通过单击菜单栏中的某一个菜单项，会弹出对应的下拉式菜单，再单击下拉式菜单中的某一选项，即可完成某种命令的调用，如图 3-12 所示。

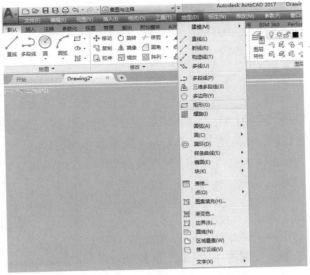

图 3-12　通过菜单栏调用命令

3.5.2 命令行

在命令行直接输入命令，这是最常见的命令调用方法之一。有些命令具有缩写的名称，称为命令快捷键或命令别名，此时可以采用快捷键，以缩短输入时间。

具体操作要求在命令行使用键盘输入命令，在命令行中输入正确的快捷键（命令名称），然后按【Enter】键或【Space】键来执行命令。

例如，除了通过输入"LINE"来启动直线命令之外，还可以输入"L"快捷键命令启动绘制直线命令。AutoCAD 命令的快捷键在 acad.pgp 文件中定义（详细自定义步骤见下文介绍）。

> 💡 **备注**：如果要无限次的重复使用某个命令，在命令行输入命令时，可以在要调用的命令名前输入"MULTIPLE"，就可以无限次重复执行该命令，要终止该命令，按【Esc】键即可。例如：无限次执行"LINE"，则可以输入"MULTIPLE"，然后再输入"LINE"即可。
>
> AutoCAD 2017 可以重复调用刚刚使用过的命令，而不需要重新选择该命令。按【Space】键或【Enter】键，或者右击在快捷菜单的顶部选择要重复执行的命令，可重复调用用户刚刚使用过的命令。
>
> 在使用 AutoCAD 绘图的过程中，难免会出现错误，当命令需要进行取消或重做操作时，可以使用"UNDO"、"U"和"REDO"，这些命令的具体操作特点见表 3-2。

表 3-2 AutoCAD 取消与重做命令操作说明

序号	命令	快速访问工具栏	说　　明
1	UNDO	↶·	将在命令提示下显示命令或系统变量名，指示之前使用该命令的点。可以撤消指定数目以前的操作 注意：UNDO 对一些命令和系统变量无效，包括用以打开、关闭或保存窗口或图形、显示信息、更改图形显示、重生成图形或以不同格式输出图形的命令及系统变量
2	U		取消已执行的操作，即：撤销上一次的命令。功能等同于"Ctrl+Z"
3	REDO	↷·	可恢复单个"UNDO"或"U"命令放弃的效果。"REDO"必须紧跟随在"U"或"UNDO"命令之后

3.5.3 功能区

这也是一种最常用的命令调用方法，应该熟练掌握。在 AutoCAD 2017 中，功能区包含不同的选项卡且每个选项卡上有不同的面板。单击功能区上的命令按钮，即可执行相应的命令。常用的功能区面板有绘图、修改、注释和图层等。

3.5.4 使用文本框

通过直接在文本窗口下面的命令行里输入 AutoCAD 命令，就可以完成图形的绘制，如图 3-13 所示。这种命令调用方法在实际绘图中并不常见，读者稍作了解即可。

图 3-13 文本窗口

3.6　辅助功能

在 AutoCAD 绘图中，经常要用到对象捕捉、栅格、正交、极轴追踪、对象捕捉追踪等辅助功能，用好这些辅助功能，可以提高自己的绘图速度，而且也可提高绘图的准确性。下面就如何设置 AutoCAD 绘图辅助功能做详细介绍。

3.6.1　常见功能

为了满足绘图中经常要开关一些常用的 AutoCAD 辅助功能，表 3-3 列出了 AutoCAD 部分常见的辅助功能开/关的快捷键。

表 3-3　AutoCAD 常见功能一览表

序号	辅助功能名称	功能键
1	对象捕捉开/关	F3（Ctrl+F）
2	在设置等轴测捕捉时，在等轴测平面上切换	F5
3	坐标开/关	F6
4	栅格开/关	F7
5	正交开/关	F8
6	栅格捕捉开/关	F9
7	极轴开/关	F10
8	对象追踪开/关	F11
9	动态输入开/关	F12

> **备注**：以上也可以单击 AutoCAD 用户界面状态栏上的各辅助功能按钮实现 AutoCAD 辅助功能的开与关。

3.6.2　主要辅助功能详解

1．对象捕捉

使用对象捕捉可指定对象的精确位置。例如，当要画出一个圆的同心圆时，就要打开"对象捕捉"中的"圆心"。把鼠标移到接近圆心的位置时，光标会自动变成一个圆，这个时候就可以捕捉到圆心。如果不打开"对象捕捉"，绘图时就不能捕捉到圆心。

在 AutoCAD 中对象捕捉在实际操作过程中可以分为两种不同的表现形式。

（1）自动捕捉

自动捕捉是用户在捕捉特征点时，当鼠标移动到这些对象捕捉点附近，系统就会自动捕捉特征点。

表征自动捕捉的特性有控制磁吸、自动捕捉标记和标签提示，如图 3-14 所示。

- 自动捕捉标记：控制自动捕捉标记的显示。该标记是当十字光标移到捕捉点上时显示的几何符号。
- 磁吸：指十字光标自动移动并锁定到最近的捕捉点上。

● 自动捕捉工具提示：工具提示是一个标签，用来描述捕捉到的对象部分。

控制磁吸、自动捕捉标记和标签提示的显示是在"选项|绘图"里进行设置的，如图3-15所示。

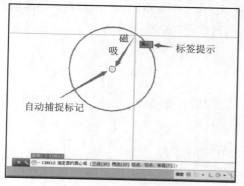

图3-14　自动捕捉特性

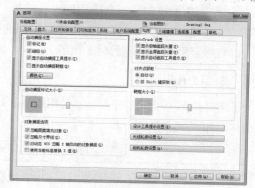

图3-15　自动捕捉设置选项面板

在自动捕捉特征点之前，用户需要预先设定好需要的捕捉点后才能使用自动捕捉的功能，即预先要确定AutoCAD自动捕捉的特征点有哪些。对象捕捉模式下的特征点设置常见的有以下三种方法：

① 在状态栏上的"对象捕捉"功能按钮上右击，从弹出的快捷菜单中进行勾选所要设置的特征点类别，如图3-16所示勾选中点。设置完成后，返回绘图区域，在命令行提示指定点的时候，移动光标至特征点附近时，即可自动捕捉到图线的中点了。

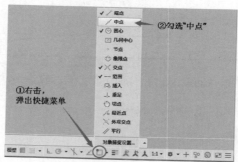

图3-16　自动捕捉特征点类型设置界面

② 在状态栏上的"对象捕捉"功能按钮上右击，从下拉菜单中选择"对象捕捉设置"选项，打开"草图设置|对象捕捉"对话框，再进行设置，如图3-17所示。

③ 在"命令行"直接输入"OS"命令，也可打开图3-17所示的对象捕捉选项卡设置窗口。

④ 选择菜单栏"工具|绘图设置"命令，从弹出的"草图设置"对话框中选择"对象捕捉"选项卡，也可以打开图3-17所示对象捕捉选项卡设置窗口。

（2）单点捕捉

单点捕捉又称临时捕捉，它是一种单点捕捉模式，这种模式不需要提前设置捕捉点，当用户需要时临时设置即可。且这种捕捉模式只是一次性的，就算是在命令未结束时也不能反复使用。

单点捕捉调用的方式有两种：

① 在命令行提示输入点坐标时，同时按住【Shift】键和鼠标右键，系统就会弹出快捷菜单（见

图 3-18），单击选择需要捕捉的对象点模式，系统就会自动捕捉该点。

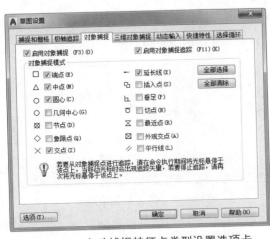

图 3-17　自动捕捉特征点类型设置选项卡

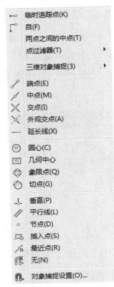

图 3-18　"对象捕捉"快捷菜单

② 直接调用捕捉命令。在绘图时需要捕捉特征点时，只要输入相应的快捷键就能完成，如表 3-4 所示为一些常用的捕捉快捷键。

表 3-4　AutoCAD 常见捕捉快捷键一览表

捕捉命令		捕捉命令	
命令	快捷键	命令	快捷键
临时跟踪点	TK	捕捉到象限点	QUA
捕捉自	FROM	捕捉到切点	TAN
捕捉到端点	END	捕捉到垂足点	PER
捕捉到中点	MID	捕捉到平行线	PAR
捕捉到交点	INT	捕捉到插入点	INS
捕捉到外观交点	APP	捕捉到节点	NOD
捕捉到延长线	EXT	捕捉到最近点	NEA
捕捉到圆心点	CEN	无捕捉	NO

在对象捕捉的过程中，必须明确以下几点：

- 对象捕捉不是命令，只是在指定点的情况下有效；
- 自动捕捉中的对象捕捉模式不宜选择过多，一般只要选择常用的几个；
- 不常用的捕捉点可以通过临时对象捕捉来实现。

2．极轴追踪

极轴追踪就是利用锁定极轴来确定角度的一种方式。根据需要设置一个极轴增量角，当光标移动到靠近满足条件的角度时，AutoCAD 就会自动获取显示一条虚线（极轴），光标被锁定到极轴上，此时直接输入距离值就可以到所需绘制的线型。

极轴追踪的设置可以右击 AutoCAD 操作界面的状态栏"极轴追踪"按钮，在弹出的快捷菜单中选择"正在追踪设置…"，就可以进入到极轴的相关设置对话框，如图 3-19 所示。

极轴追踪使用的关键就是合理的设置极轴增量角，AutoCAD 提供了一系列常用的增量角设置，可以直接右击状态栏中的"极轴追踪"，在弹出图 3-20 所示的快捷菜单列表中选取；如果有特殊需要，也可以进入图 3-19 所示的窗口中设置或（自定义）添加增量角。

图 3-19　极轴追踪极轴角设置

图 3-20　常见增量角列表

设置好极轴增量角后画线，指定完第一点后移动光标，当光标接近极轴增量角时就会出现虚线的追踪极轴（见图 3-21）；当光标从该角度移开时，极轴和提示信息就消失了。

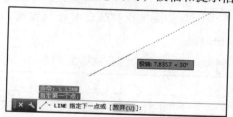

图 3-21　极轴追踪

默认状态下极轴角测量是绝对的，也就是说极轴角是按 AutoCAD 单位（UNITS）对话框中设置的基准角度来计算的，如图 3-22 所示。

除此之外，极轴还提供了另一种"相对上一段"的定位方式（见图 3-23），也就是以上一段绘制的直线为基准来计算极轴角，这种方式适用于已知两条线之间夹角的情况，如图 3-24 所示。

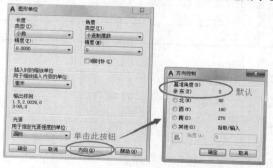

图 3-22　AutoCAD 基准角度设置

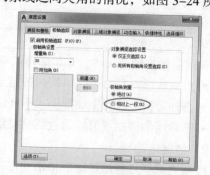

图 3-23　极轴角测量方式设置

利用极轴追踪不仅可以锁定绘图的角度，还可以和栅格捕捉配合用于确定绘制的长度，这个功能称为极轴捕捉。极轴捕捉的设置在"捕捉和栅格"选项卡中，如图 3-25 所示。

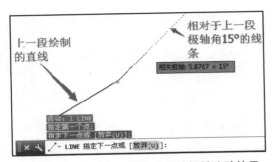

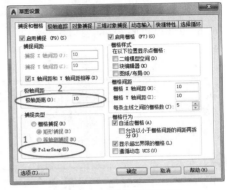

图 3-24　"相对上一段"方式的极轴追踪效果

图 3-25　极轴捕捉设置

当打开"极轴捕捉"选项后，可以设置极轴间距。假设极轴间距设置为 10，同时打开"栅格"和"捕捉"，画直线，光标可以直接沿极轴方向捕捉增量长度为 30、40、50 的点，可以利用极轴直接确定角度和长度，如图 3-26 所示。

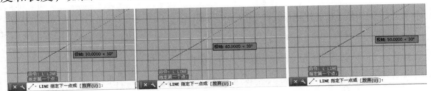

图 3-26　"极轴捕捉"的画直线效果

备注： 极轴和正交、栅格捕捉都会限制光标的角度，极轴不能跟正交同时打开，打开极轴，就会自动关闭正交。

3．对象捕捉追踪

对象捕捉追踪也称对象追踪，是对象捕捉和极轴追踪的结合，也就是在捕捉对象特征点处进行极轴追踪。因此，可在"极轴追踪"和"对象捕捉"的设置选项卡中设置对象追踪，如图 3-27 所示。

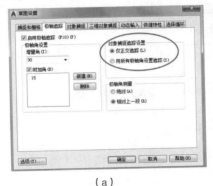

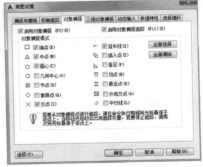

（a）　　　　　　　　　　　（b）

图 3-27　对象追踪选项设置

如图 3-27（a）所示，在"极轴追踪"选项卡中"对象捕捉追踪设置"存在两种形式，一种是仅正交追踪，也就是即使设置了极轴增量角，对象捕捉追踪时也只跟踪水平和竖直方向，也就是只出现水平或竖直的极轴，如图 3-28 所示；第二种是用所有极轴角设置追踪，可以按极轴增量角来对对象捕捉点进行追踪，如图 3-29 所示。

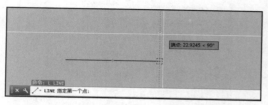

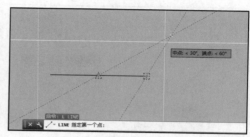

图 3-28　"仅正交追踪"的对象追踪效果　　　图 3-29　"用所有极轴角设置追踪"的对象追踪效果

对象追踪主要有下面几种应用：

① 绘制距离捕捉点距离一定的点。在捕捉某一点并出现极轴时，光标沿极轴移离捕捉点，输入距离，即可获取距离捕捉点一定距离的点。

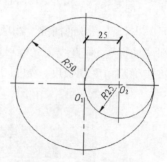

【例题】绘制与已知圆 O_1（$R=50$）的圆心水平距离 25 的圆 O_2，如图 3-30 所示。

本题解题思路：利用对象捕捉来确定圆 O_2 的圆心。可通过捕捉圆心 O_1，然后水平向右移动光标，输入两圆心相对距离，回车后即可确定出圆心 O_2。

图 3-30　对象追踪应用

具体操作步骤如下：

```
命令：CIRCLE
指定圆的圆心或 [三点(3P)/两点(2P)/切点、切点、半径(T)]：
指定圆的半径或 [直径(D)] <30.0000>：50
命令：CIRCLE
指定圆的圆心或 [三点(3P)/两点(2P)/切点、切点、半径(T)]：25
指定圆的半径或 [直径(D)] <50.0000>：25
```

② 通过追踪两个捕捉点的极轴交点，得到与两个捕捉点对齐的点。如果打开了"用所有极轴角设置追踪"，可以定位更为复杂的交点，如图 3-31 所示。

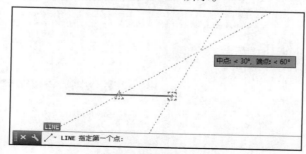

图 3-31　追踪两个捕捉点的极轴交点

4．正交

AutoCAD 的"正交"功能是控制画图时的方向，当用户打开"正交"开关时，通常不管用户光标放在什么位置，画出来的直线只能朝水平和垂直的两个方向，也就是说当要绘制水平线和垂直线的时候，可以把"正交"功能打开。

5．栅格和捕捉

如图 3-32 所示，栅格是点或线的矩阵，遍布栅格界限的整个区域。使用栅格类似于在图形下放置一张坐标纸，利用栅格可以对齐对象并直观显示对象之间的距离。栅格是不会被打印的。栅格可以只在图形界限内显示，也可以不受图形界限的限制。

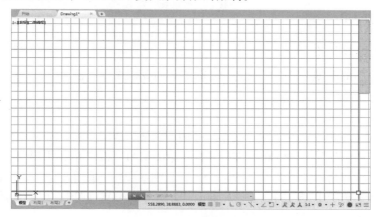

图 3-32　栅格与捕捉

在 AutoCAD 2017 命令执行过程中，当提示需要指定点的位置时，就可以通过栅格捕捉辅助功能，使光标在绘图屏幕上按指定的步距移动，就像在绘图屏幕上隐含分布着按指定行间距和列间距排列的栅格点，这些栅格点对光标有吸附作用，即能够捕捉光标，使光标只能落在由这些点确定的位置上，因此可以通过将点定位到栅格点来直接确定图形的尺寸。

然而，对于可以熟练操作计算机的人来说，使用栅格点显示和栅格捕捉来绘图不是特别方便。因此，栅格和栅格捕捉辅助功能在实际绘图中用得并不多，日常在绘图时通常直接输入坐标、相对坐标或长度值。而在全国计算机信息高新技术考试（计算机辅助设计 AutoCAD 模块）中，将栅格显示和栅格捕捉纳入到了考试的范围，所以有必要针对考试要点进行有针对性的学习。

栅格间距的设置可通过执行"DSETTINGS"命令，或者下拉主菜单"工具|草图设置"，从弹出的"草图设置"对话框完成，用户可以实现为捕捉间距和栅格间距强制指定同一 X 和 Y 间距值，指定主栅格线相对于次栅格线的频率，限制栅格密度和控制栅格是否超出指定区域等功能，如图 3-33 所示。

切换栅格的打开或关闭，可单击状态栏中的"栅

图 3-33　捕捉和栅格设置

格"打开再单击"栅格"关闭，或按功能键【F7】。

当栅格间距设置得太密时，系统将提示该视图中栅格间距太小不能显示。如果图形缩放太大，栅格点也可能显示不出来。在 AutoCAD 的"捕捉与栅格"选项卡设置里，只要勾选上"自适应栅格"，栅格即可自动适应缩放，保证栅格都能正常显示，如图 3-33 所示。

> 注意：如果打开栅格捕捉，即使栅格点或栅格线不显示，同样会起作用。打开了栅格捕捉，会出现在绘图时光标不能连续性的移动，影响绘图的效率。所以，一般来说在绘图时都会关闭"捕捉"和"栅格"辅助功能。

3.7 文件管理

3.7.1 创建新图形文件

开始创建一个新的图形文件，即绘制一张新图。命令调用方法包括：

- 【命令行】：NEW。
- 【菜单栏】："文件|新建"。
- 【工具栏】：单击"快速访问工具栏"上的"新建"按钮 。

除了以上常规的"新建"命令调用方法外，在 AutoCAD 2017 中，用户也可以通过绘图区左上方"开始"选项卡右边的"新图形"按钮 （见图 2-23），或通过在 AutoCAD 2017 初始开始界面里的"创建"选项卡进行新建（详见前面"2.2.1 AutoCAD 2017 启动"所述），还可以通过按组合键【CTRL+N】，来创建一个新图形文档。

在执行"新建"命令后，在弹出的"选择样本"对话框里，AutoCAD 2017 程序自带了满足不同需求和用途的样板，可以根据实际情况进行选择并打开（见图 3-34）。

正常情况下，如果新建图形文件不选择样式样板的话，在"选择样板"对话框里，单击"打开"后面的三角标志 ，在下拉快捷菜单中选择"无样本打开—公制"即可，如图 3-35 所示。

图 3-34 新建文件样板选择

图 3-35 新建文件无样板

3.7.2 打开图形文件

打开已经保存的图形文件，以便继续绘图或进行其他编辑操作。"打开"命令调用方法包括：

- 【命令行】：OPEN。
- 【菜单栏】："文件" | "打开"。
- 【工具栏】：单击 "快速访问工具栏"上的按钮 📂。

除了以上常规的"打开"命令调用方法外，在 AutoCAD 2017 中，用户也可以通过在 AutoCAD 2017 初始开始界面里的"创建"选项卡中进行文件的打开（见图 3-36），还可以通过按组合键【CTRL+O】，来打开某一图形文档。

在执行"打开"命令后，在弹出的"选择文件"对话框里，根据文件保存的路径找到文件，选择并打开（见图 3-37）。

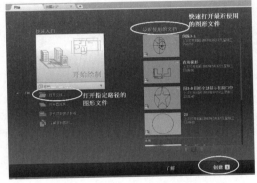

图 3-36　"开始创建界面"打开文档

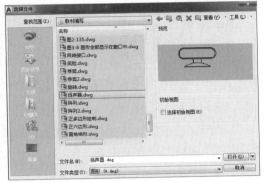

图 3-37　打开已保存好的文件

> 💡 **注意**：AutoCAD 打开图形文件时有文件版本的要求，AutoCAD 系统采用向下兼容打开文件的方法。也就是说文件在保存时，使用的是什么版本的 AutoCAD，保存时默认的就是当前软件的版本。所以，如果高版本的文件要在低版本的 AutoCAD 程序里打开的话，就要事先将高版本的图形文件用高版本的 AutoCAD 程序打开，并将其另存为低版本的 AutoCAD 文件，如图 3-38 所示。

另外，在此推荐一款优秀的多功能 CAD 图形管理软件"Acme CAD Converter"，它功能非常强大，可以在计算机不安装高版本的 AutoCAD 程序的环境下，将高版本的文件转换为低版本文件（见图 3-39），同时具有批量版本转换的功能（见图 3-40）。

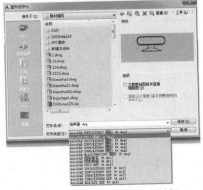

图 3-38　图形另存为对话框

图 3-39　"Acme CAD Converter"文件高低版本转换对话框

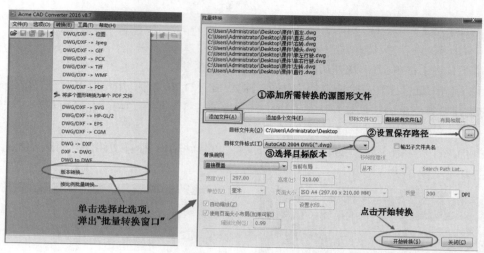

图 3-40 "Acme CAD Converter" 批量转换界面

3.7.3 保存图形文件

一个图形文件绘制完成或者由于其他原因需要临时离开时，要将图形文件保存起来，以防丢失给工作带来麻烦。命令调用方法包括：

- 【命令行】：SAVE
- 【菜单栏】："文件"|"保存"（或"文件"|"另存为"）
- 【工具栏】：单击"快速访问工具栏"上的"保存按钮" 🖫 或"另存为按钮" 🖫

对于新建未指定保存路径的图形文件，在执行"保存"命令后，在弹出的"图形另存为"对话框里，根据文件要保存的指定路径进行保存即可（见图 3-38）。

> 💡 **注意**：保存图形文件过程中，"文件另存为"和"保存"这两个命令的功能是不一样的。

- "文件"|"保存"：针对新建图形文件，效果等同于"文件|另存为"；但如果正在编辑的是已保存在计算机硬盘的文件，则单击"文件|保存"后文件的名称和路径保持不变。
- "文件"|"另存为"：可以实现图形文件的名称、路径和文件类型（版本）的更改，也可以保持不变进行保存。

注意 AutoCAD 在保存时文件类型的选择。若计算机里安装的 AutoCAD 版本较高，又不想经常在图形文件保存中进行文件类型的选择，可在 AutoCAD 2017 主菜单"工具|选项"面板中进行设置，也可以通过在命令行里输入"OP"回车打开"选项"对话框，在"选项"中选择"打开和保存"选项卡，在"文件另存为"下拉菜单中选择所需要的低版本的格式后，单击"确认"即可更改 AutoCAD 文件保存的默认版本，如图 3-41 所示。

此外，为防止或减少计算机关机而未能及时保存文件导致的损失，AutoCAD 2017 系统图形具有自动保存文件的功能，AutoCAD 在文件安全措施方面也提供了很多辅助功能。即可在 AutoCAD 的菜单"工具"|"选项"面板中，选择"打开和保存"选项卡，在"文件安全措施"选项框里设

置自动保存的间隔分钟数，自动保存的文件扩展名是*.sv$（临时文件的扩展名是*.ac$），如图 3–42
所示。

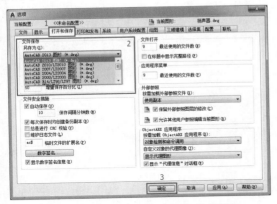

图 3–41　"AutoCAD 2017 文件的默认
保存版本设置"对话框

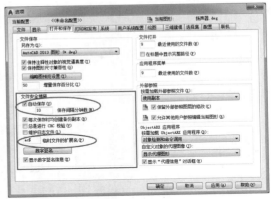

图 3–42　AutoCAD 2017 文件安全措施
设置对话框

第二篇

方法和技巧

第4章 绘图工具

AutoCAD 2017 常用的绘图工具包括点、直线、构造线、多段线、多边形、矩形、圆、圆弧、椭圆、块、填充、面域和文字输入等，如图 4-1 所示。

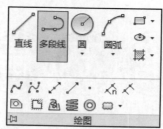

图 4-1　AutoCAD 2017 功能区绘图工具面板

4.1　点

4.1.1　定义

点是图形中最基本的元素，一般用作辅助作图的工具。在 AutoCAD 绘图过程中，点的绘制方式分为单点和多点两种。

- 单点：一条命令执行完后只能绘制一个点；
- 多点：一条命令执行后可以重复绘制多个点。

4.1.2　方法

- 【命令行】：PONIT（PO）/ Multiple+PO
- 【菜单栏】："绘图"|"点"
- 【工具面板】：⊡

> ⚲ 备注：在执行"多点"命令并绘制多个点后，要结束"点"命令时可按【ESC】键结束。

4.1.3　样式

点样式可用于设置点的显示类型和尺寸。默认绘制的点是个很小的图形，一般不方便确认，所以要通过点样式设置，使画出的点便于辨认。

点样式的设置方法：

- 【命令行】：DDPTYPE（或 PTYPE）
- 【菜单栏】："格式"|"点样式"

执行"点样式"命令后，弹出图 4-2 所示的对话框，选择所需的点样式即可。

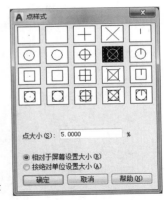

图 4-2　点样式设置对话框

4.1.4　应用

点在 AutoCAD 里常被作为辅助工具来使用，一般应用在图线等分的绘制过程中。等分在 AutoCAD 里主要有定数等分和定距等分两种方式。

① 定数等分。可以在一个对象上等间距地放置点或块，输入的是等分数而不是点的个数。定数等分命令调用常见的方式有两种：

- 【命令行】：DIVIDE（或 DIV）
- 【工具面板】：

【例题 4-1】一条长的线段，要将这条线段等分四段，如图 4-3 所示。

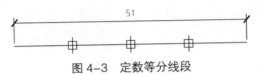

图 4-3　定数等分线段

具体操作步骤如下：

```
命令：L
LINE
指定第一个点：
指定下一点或 [放弃(U)]：51
指定下一点或 [放弃(U)]：

命令：DIV
DIVIDE
选择要定数等分的对象：
输入线段数目或 [块(B)]：4

命令：PTYPE 正在重生成模型
正在重生成模型。
```

② 定距等分。在一个对象上按用户指定间隔放置点或块。定距等分命令调用常见的方式有两种：

- 【命令行】：MESURE（或 ME）
- 【工具面板】：

【例题 4-2】比如一条长 48 的线段，要将点之间的距离是 10，如图 4-4 所示。

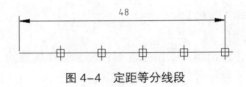

图4-4　定距等分线段

具体操作步骤如下：

```
命令：L LINE
指定第一个点：
指定下一点或 [放弃(U)]：48
指定下一点或 [放弃(U)]：

命令：ME MEASURE
选择要定距等分的对象：
指定线段长度或 [块(B)]：10

命令：PTYPE
正在重生成模型。
正在重生成模型。
```

4.2　直线

4.2.1　定义

直线是 AutoCAD 中最为简单的命令，又是绘图的基础命令。在 AutoCAD 绘图过程中，绘制直线有很多种不同的方式，具体在下面的直线应用部分作详细介绍。

4.2.2　方法

- 【命令行】：LINE（L）
- 【菜单栏】："绘图"|"直线"
- 【工具面板】：

执行"直线"命令后，用户通过鼠标指定线的端点或利用键盘输入端点坐标，AutoCAD 就将这些点连接成直线。

4.2.3　应用

1. 通过点坐标画线

启动"直线"命令后，AutoCAD 提示用户指定线段的端点，而指定端点的方法之一就是输入点的坐标值。

默认情况下，绘图窗口的坐标系是世界坐标系（WCS），用户在屏幕左下角可以看到表示世界坐标系的图标。该坐标系 X 轴是水平的，Y 轴是竖直的，Z 轴则垂直于屏幕，正方向指向屏幕外（见图 4-5）。

在二维平面绘图时，用户只需在 *XY* 平面内指定点的位置。点位置的坐标表示方式有：

- 绝对坐标，相对于原点（0,0）的坐标值，在 AutoCAD 中包括绝对直角坐标和绝对极坐标两种表现形态。
- 相对坐标，相对于上一个几何点（一般不是原点）的坐标值，在 AutoCAD 中包括相对直角坐标和相对极坐标两种表现形态。

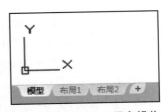

图 4-5 AutoCAD 用户操作界面"世界坐标系"

关于绝对直角坐标、绝对极坐标、相对直角坐标和相对极坐标的表示方法（AutoCAD 输入）见表 4-1。

表 4-1 AutoCAD 四种不同坐标形态表示方法一览表

序 号	类 型	表 示 方 法	备 注
1	绝对直角坐标	x,y	x 表示点的 x 坐标值，y 表示点的 y 坐标值，两坐标值之间用","号分隔开
2	绝对极坐标	$R<\alpha$	R 表示极轴长度，α 表示极角，两数值之间用"<"号分隔开，即：极轴<极角
3	相对直角坐标	$@x,y$	与绝对直角坐标相比较，多加了"@"符号
4	相对极坐标	$@R<\alpha$	与绝对极坐标相比较，多加了"@"符号

> 注意：在 AutoCAD 2017 输入参数时，分为动态输入和无动态输入两种。这就要求在两种不同输入状态下，对于绝对坐标和相对坐标参数输入的方式也是不一样。

- 如果启用动态输入，可以使用"#"前缀来指定绝对坐标。
- 如果不启用动态输入，即在命令行而不是在提示中输入坐标的，可以不使用"#"前缀。

例如：（-50,20）、（40,60）分别表示图 4-6 所示的 *A*、*B* 点，为绝对直角坐标。绝对极坐标的输入格式为"$R<\alpha$"。*R* 表示极轴，*α* 表示极角。若从 *X* 轴正向逆时针旋转到极轴方向，则 *α* 角为正；否则，*α* 角为负。例如，（60<120）、（45<-30）分别表示图 4-6 所示的 *C*，*D* 点。

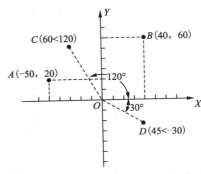

图 4-6 AutoCAD 四种不同坐标形态表示方法

【例题 4-3】用"直线"命令绘制的五角星，并注意数据的输入方法。已知：

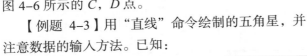

```
P₁(120, 120),
P₂(@80<252),
P₃(159.091, 90.870),
P₄(@-80, 0),
P₅(144.721, 43.916)
```

解：用 AutoCAD 点坐标输入方式画线实现上述绘制五角星的命令过程如图 4-7 所示。最终所绘制的五角星的图形如图 4-8 所示。

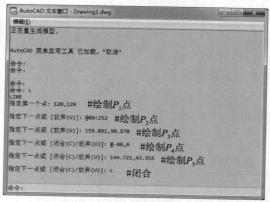

图 4-7 "通过点坐标画线"命令文本框

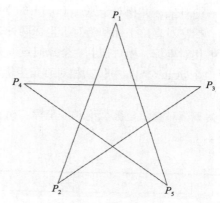

图 4-8 "通过点坐标画线"方式绘制的五角星

2．对象捕捉精确画线

在无法用坐标值来精确定位点时,通常可以通过使用 AutoCAD 辅助工具来绘制一些特殊几何点间连线。

【例题 4-4】利用"平行"捕捉方式绘制已知直线 AB 的平行线 CD 且长度为 100。

解：发出"LINE（L）"画直线命令后,首先指定线段起点 C,然后选择"平行捕捉"。移动鼠标光标到线段 AB 上,此时该线段上出现小的平行线符号（注意：需预先把对象捕捉模式下的"平行"勾选打开）,表示线段 AB 已被选定。再移动鼠标光标到即将创建平行线的位置,此时 AutoCAD 显示出平行线,输入该线长度,就绘制出平行线,如图 4-9 所示。

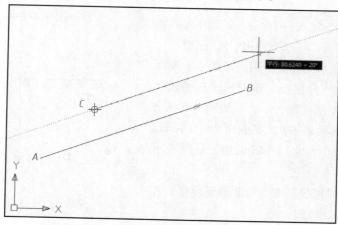

图 4-9 "平行捕捉"精确画线

【例题 4-5】输入点的相对坐标画线及利用对象捕捉精确画线,如图 4-10 所示。

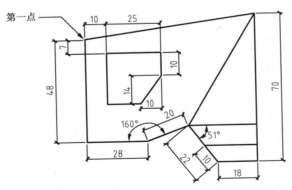

图 4-10　使用"相对坐标及对象捕捉画线"精确画线

操作步骤具体如下：

```
命令：l LINE 指定第一点：
指定下一点或 [放弃(U)]：48
指定下一点或 [放弃(U)]：28
指定下一点或 [闭合(C)/放弃(U)]：@20<20
指定下一点或 [闭合(C)/放弃(U)]：@22<-51
指定下一点或 [闭合(C)/放弃(U)]：18
指定下一点或 [闭合(C)/放弃(U)]：70
指定下一点或 [闭合(C)/放弃(U)]：c
命令：l LINE 指定第一点：_from 基点：<偏移>：10
指定下一点或 [放弃(U)]：
指定下一点或 [放弃(U)]：
命令：l LINE 指定第一点：
指定下一点或 [放弃(U)]：
指定下一点或 [放弃(U)]：
命令：l LINE 指定第一点：_from 基点：<偏移>：@10,-7
指定下一点或 [放弃(U)]：24
指定下一点或 [放弃(U)]：15
指定下一点或 [闭合(C)/放弃(U)]：@10,14
指定下一点或 [闭合(C)/放弃(U)]：10
指定下一点或 [闭合(C)/放弃(U)]：c
```

> 📍 注意：
>
> （1）"U"撤销上一步操作，只取消上一次操作。
>
> （2）"C"指闭合图形，可用以绘制封闭的线段。

4.3　构造线（参照线）

4.3.1　定义

构造线（参照线）为无限延长的直线，一般用作辅助线。默认状态下，可绘制经过一点的一族直线。

用户可用它直接画出水平方向、竖直方向、倾斜方向及存在平行关系的直线，绘图过程中采用此命令画定位线或绘图辅助线是很方便的。

4.3.2　方法

- 【命令行】：XLINE（XL）
- 【菜单栏】："绘图"|"构造线"
- 【工具面板】：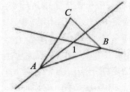

4.3.3　应用

执行"构造线"命令后，在命令行出现"XLINE 指定点或 [水平（H）/垂直（V）/角度（A）/二等分（B）/偏移（O）]"提示，用户可根据实际需要进行不同功能选项的选择绘制，如图 4-11 所示。

图 4-11　"构造线"命令选项

- "水平（H）"：绘制一族水平方向的直线；
- "垂直（V）"：绘制一族垂直方向的直线；
- "角度（A）"：绘制一族给定角度的直线；
- "二等分（B）"：实现对角度的二等分；
- "偏移（O）"：创建与参照对象一定距离的参照线。

【例题 4-6】用两条构造线求出三角形∠A 和∠B 的两条角平分线来确定其内切圆心 1，如图 4-12 所示。已知：

图 4-12　构造线应用于角平分线

```
A(130, 140),
B(190,160),
C(160,190)
```

操作步骤具体如图 4-13 所示。

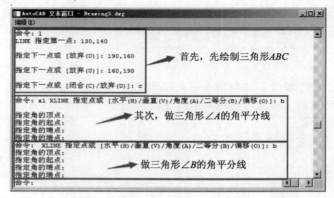

图 4-13　"构造线"AutoCAD 命令文本框

> **注意：** 如图 4-13 所示，命令行输入 "B"，回车，在绘制角平分线时需要指定顶点、起点和端点时，顶点是平分线起始的位置，起点就是平分线开始旋转的位置，端点就是旋转结束完成平分的位置。如图 4-12 所示，等分 $\angle A$ 时，选择点 A 为顶点，选择点 B 为起点，选择点 C 为端点。

4.4　圆

4.4.1　定义

用 "CIRCLE" 命令绘制圆，默认的画圆方法是指定圆心和半径。此外，还可通过两点或三点来画圆。"CIRCLE" 命令也可用来绘制过渡圆弧，方法是先画出与已有对象相切的圆，然后用 "修剪" 命令修剪掉多余线条即可。

4.4.2　方法

- 【命令行】：CIRCLE（C）
- 【菜单栏】："绘图" | "圆"
- 【工具面板】：

4.4.3　方式

在 AutoCAD 中画圆的方式可以由以下六种方式实现：

（1）"圆心，半径"：默认方式；

（2）"圆心，直径"：确定圆心和直径 D；

（3）"两点"：确定直径上的两端点；

（4）"三点"：确定圆周上的任意三点；

（5）"相切，相切，半径"：绘制两实体的公切圆；

（6）"相切，相切，相切"：绘制三个实体的公切圆。

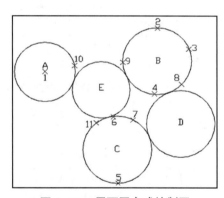

图 4-14　用不同方式绘制圆

【例题 4-7】如图 4-14 所示，用不同画圆方式绘制，圆与圆之间要求相切，并注意数据的输入方法。已知：

1 点(150,160)，$R_A=40$，
2 点(300,220)
3 点(340,190)
4 点(290,130)
5 点(250,10)
6 点(240,100)，$R_D=45$

操作步骤具体如图 4-15 所示。

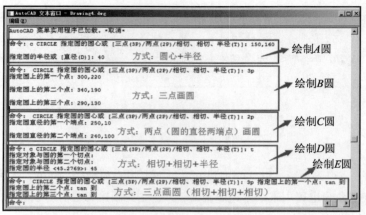

图 4-15　"圆"AutoCAD 命令文本框

> 💡 **注意：**
>
> （1）在 AutoCAD 中，"tan"是捕捉切点的辅助功能，其他常见的单点捕捉具体见表 3-4 AutoCAD 常见捕捉快捷键一览表。
>
> （2）当要在命令行实现"相切+相切+相切"功能画圆时，在执行"CIRCLE（C）"命令后，在功能选项里选择"三点（3P）"，即通过三点画圆，在提示选择每一点的时候输入"tan"进行捕捉切点，如图 4-15 所示的绘制 E 圆的方法。

4.5　圆弧

4.5.1　定义

圆上任意两点间的部分称为圆弧，简称弧。圆弧为作为圆的一部分，在 AutoCAD 中可采用多种方法绘制。

4.5.2　方法

- 【命令行】：ARC（A）
- 【菜单栏】："绘图"|"圆弧"（见图 4-16）
- 【工具面板】：

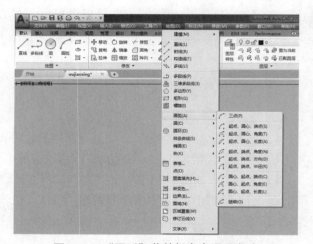

图 4-16　"圆弧"菜单栏命令调用方法

4.5.3　方式

（1）"三点"：默认方式；

（2）"起点、端点、半径"：逆时针方向画弧；正值画小弧（劣弧，即所画的弧长小于半个圆），负值画大弧（优弧，即所画的弧长大于半个圆）；

（3）"起点、端点、方向"：确定起点的切线方向；

（4）"起点、圆心、端点/起点、圆心、角度/起点、端点、角度；

（5）"继续"：绘制新圆弧，且该圆弧与最后绘制的直线或圆弧相切。此功能与在绘制圆弧命令下按【Enter】键等效。

【例题 4-8】通过画圆弧的方式绘制图 4-17 所示的花瓣。已知：花瓣是由 5 段圆弧所组成，每段圆弧的半径 R=200。

绘图命令操作步骤具体如图 4-18 所示。

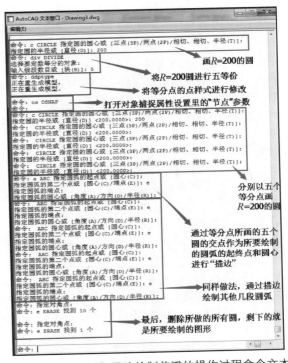

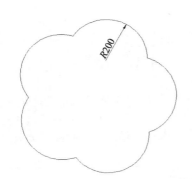

图 4-17　用"圆弧"画法绘制的花瓣　　图 4-18　用"圆弧"画法绘制花瓣的操作过程命令文本框

注意： 如图 4-17 所示，此题画花瓣最终是通过画弧的方式绘制成的，主要是考虑到还未学习"修剪"命令的使用，所以利用现有已学习的方法完成图形绘制。待学习了"修剪"命令后，本例题直接可以通过修剪得到所需的花瓣形状。

【例题 4-9】绘制图 4-19 所示的图形。

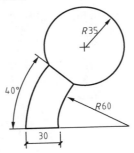

图 4-19　圆弧绘图工具应用

操作步骤具体如所示：

命令：LINE 指定第一点：
指定下一点或 [放弃(U)]：30
指定下一点或 [放弃(U)]：60
指定下一点或 [闭合(C)/放弃(U)]：

命令：a ARC 指定圆弧的起点或 [圆心(C)]：c 指定圆弧的圆心：
指定圆弧的起点：
指定圆弧的端点或 [角度(A)/弦长(L)]：a 指定包含角：-60
命令： ARC 指定圆弧的起点或 [圆心(C)]：c 指定圆弧的圆心：
指定圆弧的起点：
指定圆弧的端点或 [角度(A)/弦长(L)]：a 指定包含角：-60
命令：l LINE 指定第一点：
指定下一点或 [放弃(U)]：
指定下一点或 [放弃(U)]：
命令：a ARC 指定圆弧的起点或 [圆心(C)]：
指定圆弧的第二个点或 [圆心(C)/端点(E)]：e
指定圆弧的端点：
指定圆弧的圆心或 [角度(A)/方向(D)/半径(R)]：r 指定圆弧的半径：-35

> 🔔 **注意：** 如图 4-19 所示，此题关键点在于圆弧的绘制。绘制圆弧使用的方式是起点、端点、半径，而且是逆时针方向画弧。画圆弧时输入的半径正负值表达的意义不同，正值表示画小弧（劣弧，即所画的弧长小于半个圆），负值表示画大弧（优弧，即所画的弧长大于半个圆）。

4.6 圆环

4.6.1 定义

在 AutoCAD 绘图中，经常会用到"圆环"命令。所谓圆环相当于一个空心的圆，空心圆拥有一个小半径（内径），外圈圆有一个大半径（外径），外圈圆的半径减去空心圆半径就是环宽。生活中的例子有空心钢管，甜甜圈，指环等，如图 4-20 所示。

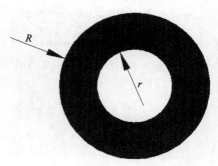

图 4-20 圆环

4.6.2 方法

- 【命令行】：DOUNT（DO）
- 【菜单栏】："绘图" | "圆环"
- 【工具面板】：◎

4.6.3 方式

圆环 DOUNT（DO）命令主要用于绘制指定内外径的圆环和实心填充圆。圆环是由一定宽度的多段线封闭形成的，可连续创建一系列相同的圆环。

具体操作步骤如下：

（1）执行圆环 DOUNT（DO）命令；

（2）根据命令行提示"提定圆环的内径："，输入圆环内径，回车或按空格确定；

（3）根据命令行提示"提定圆环的外径："，输入圆环外径，回车或按空格确定；

（4）根据命令行提示"提定圆环的中心点或<退出>："，这时移动鼠标指针找到需要放置圆环中心点的位置单击即可。

注意：

（1）内径指定为 0 时，可创建填充圆，如图 4-21 所示。

操作步骤具体如下所示：

```
命令：do DONUT
指定圆环的内径 <10.0000>: 0
指定圆环的外径 <20.0000>:
指定圆环的中心点或 <退出>:
指定圆环的中心点或 <退出>: *取消*
命令：
```

图 4-21　实心填充圆

（2）运用"填充"命令 FILL 可控制圆环的填充状态，同时系统变量 FILL 也控制圆环的填充，如图 4-22 所示。

（a）填充　　　　　　　　　　（b）不填充

图 4-22　圆环填充状态

操作步骤具体如下所示：

```
命令：do DONUT
指定圆环的内径 <10.0000>:
指定圆环的外径 <20.0000>:
指定圆环的中心点或 <退出>:
指定圆环的中心点或 <退出>:
命令：fill 输入模式 [开(ON)/关(OFF)] <开>: off
命令：re REGEN 正在重生成模型。
```

（3）圆环可通过夹点来改变形状，如图 4-23 所示。

图 4-23 夹点控制圆环形状

4.7 椭圆

4.7.1 定义

椭圆是平面上到两定点的距离之和为常值的点之轨迹，也可定义为到定点距离与到定直线间距离之比为一个小于 1 的常值的点之轨迹。

"ELLIPSE"命令可用于绘制椭圆或椭圆弧，在工程图中常用来绘制如洗手盆、坐便器、装饰图案及圆的透视图等。

4.7.2 方法

- 【命令行】：ELLIPSE（EL）
- 【菜单栏】："绘图"|"椭圆"
- 【工具面板】：⬭·

4.7.3 方式

椭圆的绘制由三个参数来确定：中心点、长轴和短轴。在 AutoCAD 中画椭圆的方式可以由以下三种方式实现。

（1）"轴、端点"方式：默认方式，即指定长轴与短轴的端点。

① 指定椭圆的轴端点；

② 指定椭圆同一轴的另一端点；

③ 指定另一条半轴长度。

（2）"椭圆中心点"方式：椭圆中心方式：该方式用来定义椭圆中心和椭圆与两轴的各一个交点（即两半轴长）画一个椭圆。

① 指定椭圆轴端点，此时输入"C"切换到中心点的方式；

② 指定椭圆中心点；

③ 指定轴端点或者输入半轴长度；

④ 指定另一半轴的长度。

（3）"旋转"方式：采用该方式时先定义椭圆长轴的两个端点，然后使以这两个端点之间的距离为直径的圆绕该长轴旋转一定角度（即绕 X 轴三维旋转一个角度），该圆在水平面上（XY 平面）的投影就是要画的椭圆。

① 指定椭圆的轴端点；

② 指定轴的另一端点；

③ 指定另一半轴长度或 "旋转 R"，输入 "R" 切换到旋转方式。

④ 指定饶长轴的旋转角度。

【例题 4-10】如图 4-24 所示，练习绘制椭圆。已知：椭圆弧长轴半长为 20，短轴半长为 10。

绘图操作过程如下：

```
命令：el ELLIPSE
指定椭圆的轴端点或 [圆弧(A)/中心点(C)]：c
指定椭圆的中心点：
指定轴的端点：@20<-45
指定另一条半轴长度或 [旋转(R)]：
>>输入 ORTHOMODE 的新值 <0>：
正在恢复执行 ELLIPSE 命令。
指定另一条半轴长度或 [旋转(R)]：10
```

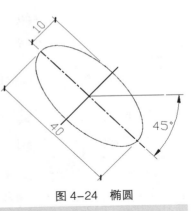

图 4-24　椭圆

4.8　椭圆弧

4.8.1　定义

椭圆弧是椭圆上的一段弧，椭圆弧绘制的方法与椭圆基本一致。

4.8.2　方法

- 【命令行】：ELLIPSE（EL）
- 【菜单栏】："绘图" | "椭圆弧"
- 【工具面板】：椭圆弧

4.8.3　方式

输入椭圆参数后指定起始角和终止角即确定包含角来设置椭圆弧的大小。

【例题 4-11】如图 4-25 所示，练习椭圆弧，已知外圆半长为 20，长轴半长为 20，短轴半长为 10（虚线部分用 "椭圆弧" 命令绘制）。

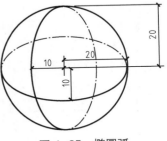

图 4-25　椭圆弧

绘图操作过程如下：

```
命令：c CIRCLE 指定圆的圆心或 [三点(3P)/两点(2P)/相切、相切、半径(T)]：
指定圆的半径或 [直径(D)]：20
命令：el ELLIPSE
指定椭圆的轴端点或 [圆弧(A)/中心点(C)]：a
指定椭圆弧的轴端点或 [中心点(C)]：c
指定椭圆弧的中心点：
```

```
指定轴的端点：
指定另一条半轴长度或 [旋转(R)]：10
指定起始角度或 [参数(P)]：0
指定终止角度或 [参数(P)/包含角度(I)]：180
命令：ELLIPSE
指定椭圆的轴端点或 [圆弧(A)/中心点(C)]：a
指定椭圆弧的轴端点或 [中心点(C)]：c
指定椭圆弧的中心点：
指定轴的端点：
指定另一条半轴长度或 [旋转(R)]：10
指定起始角度或 [参数(P)]：0
指定终止角度或 [参数(P)/包含角度(I)]：180
命令：
命令：el ELLIPSE
指定椭圆的轴端点或 [圆弧(A)/中心点(C)]：a
指定椭圆弧的轴端点或 [中心点(C)]：c
指定椭圆弧的中心点：
指定轴的端点：
指定另一条半轴长度或 [旋转(R)]：10
指定起始角度或 [参数(P)]：0
指定终止角度或 [参数(P)/包含角度(I)]：180
命令：ELLIPSE
指定椭圆的轴端点或 [圆弧(A)/中心点(C)]：a
指定椭圆弧的轴端点或 [中心点(C)]：c
指定椭圆弧的中心点：
指定轴的端点：
指定另一条半轴长度或 [旋转(R)]：10
指定起始角度或 [参数(P)]：0
指定终止角度或 [参数(P)/包含角度(I)]：180
命令：
命令：
命令：指定对角点：
命令：*取消*
```

> 注意：以长轴第一个端点与圆心连线为基准，逆时针方向旋转得到的角度，即绘制椭圆弧时，所有角度均从长轴的起始点起，按逆时针方向计算。

4.9 多段线

4.9.1 定义

多段线是 AutoCAD 绘图中非常常用的一种对象，多用于绘制各种构件、外轮廓和三维实体等。采用"多段线"命令可以连续绘制多条直线段，采用"直线"命令也可以连续绘制多条直线段，两者最明显的一个区别就在于：使用"直线"命令无论绘制多少段，每段都是独立的对象；而使用"多段线"命令无论绘制多少段，它们都是一个整体，如图 4-26 所示。

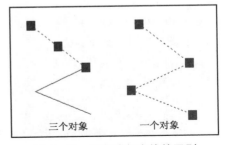

图 4-26 多段线与直线的区别

4.9.2 方法

- 【命令行】：PLINE（PL）
- 【菜单栏】："绘图"|"多段线"
- 【工具面板】：

【例题 4-12】用"多段线"命令绘制图 4-27 所示线宽为 1 的长圆形。已知：P_1 点（260,110），P_2 点（@40,0），P_3 点（@0,-25），P_4 点（@-40,0）。

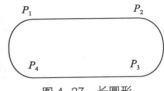

图 4-27 长圆形

绘图操作过程如下：

```
命令：pl PLINE
指定起点：260,110

当前线宽为 0.0000(设置线宽为1)
指定下一个点或 [圆弧(A)/半宽(H)/长度(L)/放弃(U)/宽度(W)]：@40,0
指定下一点或 [圆弧(A)/闭合(C)/半宽(H)/长度(L)/放弃(U)/宽度(W)]：a
指定圆弧的端点或
[角度(A)/圆心(CE)/闭合(CL)/方向(D)/半宽(H)/直线(L)/半径(R)/第二个点(S)/放弃(U)/宽
度(W)]：@0,-25
指定圆弧的端点或
[角度(A)/圆心(CE)/闭合(CL)/方向(D)/半宽(H)/直线(L)/半径(R)/第二个点(S)/放弃(U)/宽
度(W)]：l
指定下一点或 [圆弧(A)/闭合(C)/半宽(H)/长度(L)/放弃(U)/宽度(W)]：@-40,0
指定下一点或 [圆弧(A)/闭合(C)/半宽(H)/长度(L)/放弃(U)/宽度(W)]：a
指定圆弧的端点或
[角度(A)/圆心(CE)/闭合(CL)/方向(D)/半宽(H)/直线(L)/半径(R)/第二个点(S)/放弃(U)/宽
度(W)]：cl
```

【例题 4-13】用"多段线"命令绘制图 4-28 所示的二极管符号。已知：P_1 点（10,30），P_2 点（30,30），P_2 点处 W=10，P_3 点（40,30），P_4 点（41,30），P_5 点（60,30）。

图 4-28　二极管符号

绘图操作过程如下：

```
命令：pl PLINE
指定起点：10,30
当前线宽为 0.0000
指定下一个点或 [圆弧(A)/半宽(H)/长度(L)/放弃(U)/宽度(W)]：30,30
指定下一点或 [圆弧(A)/闭合(C)/半宽(H)/长度(L)/放弃(U)/宽度(W)]：w
指定起点宽度 <0.0000>：10
指定端点宽度 <10.0000>：0
指定下一点或 [圆弧(A)/闭合(C)/半宽(H)/长度(L)/放弃(U)/宽度(W)]：40,30
指定下一点或 [圆弧(A)/闭合(C)/半宽(H)/长度(L)/放弃(U)/宽度(W)]：w
指定起点宽度 <0.0000>：10
指定端点宽度 <10.0000>：
指定下一点或 [圆弧(A)/闭合(C)/半宽(H)/长度(L)/放弃(U)/宽度(W)]：41,30
指定下一点或 [圆弧(A)/闭合(C)/半宽(H)/长度(L)/放弃(U)/宽度(W)]：w
指定起点宽度 <10.0000>：0
指定端点宽度 <0.0000>：
指定下一点或 [圆弧(A)/闭合(C)/半宽(H)/长度(L)/放弃(U)/宽度(W)]：60,30
指定下一点或 [圆弧(A)/闭合(C)/半宽(H)/长度(L)/放弃(U)/宽度(W)]：
```

4.9.3　编辑

- 【命令行】：PEDIT（PE）
- 【菜单栏】："修改"|"对象"|"多段线"
- 【工具面板】：

通过多段线的编辑，可以实现以下三个基本功能：

（1）把多条相连的直线或圆弧生成多段线；

（2）可编辑多段线的线宽；

（3）可光顺所指定的多段线。

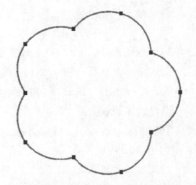

图 4-29　用"PE"编辑后的图形效果

【例题 4-14】通过编辑多段线，将上述例题 4-8 所绘制得到的花瓣图形进行多段线编辑，使得图形中的 5 条圆弧合并为多段线且线宽为 2，如图 4-29 所示。

具体操作步骤如下：

```
命令：pe PEDIT 选择多段线或 [多条(M)]：m
选择对象：指定对角点：找到 5 个
选择对象：
是否将直线和圆弧转换为多段线？[是(Y)/否(N)]？<Y>
输入选项 [闭合(C)/打开(O)/合并(J)/宽度(W)/拟合(F)/样条曲线(S)/非曲线化(D)/线型生成(L)/放弃(U)]：j
```

```
合并类型 = 延伸
输入模糊距离或 [合并类型(J)] <0.0000>:
多段线已增加 4 条线段
输入选项 [闭合(C)/打开(O)/合并(J)/宽度(W)/拟合(F)/样条曲线(S)/非曲线化(D)/线型生成
(L)/放弃(U)]: w
指定所有线段的新宽度: 5
输入选项 [闭合(C)/打开(O)/合并(J)/宽度(W)/拟合(F)/样条曲线(S)/非曲线化(D)/线型生成
(L)/放弃(U)]:
```

4.9.4　几种特殊多段线

在 AutoCAD 中除了 PLINE（PL）以外，还有几种图形其实也是多段线，只是形状相对比较特殊，绘制时的参数和方式也各不相同，如：矩形 REC、多边形 POL 和圆环 DO 等。这些图形相对比较简单，就不详细介绍了。下面介绍绘制圆形多段线和椭圆多段线两种较为特殊的操作方法。

1．绘制圆形多段线

绘制圆形多段线的方法有以下两种：

（1）使用"圆环（DONUT）"命令；

（2）使用"多段线（PL）"命令。

【例题 4-15】如图 4-30 所示，利用圆环和"多段线"两种方法分别绘制半径 R=10.5 的圆形多段线，所绘制的圆线宽为 0.5。

第一种用"圆环"命令绘图操作过程如下：

```
命令: do DONUT
指定圆环的内径 <10.0000>: 20.5
指定圆环的外径 <20.0000>: 21.5
指定圆环的中心点或 <退出>:
指定圆环的中心点或 <退出>:
```

第二种直接用"多段线"命令绘图操作过程如下：

```
命令: pl PLINE
指定起点:
当前线宽为 0.0000
指定下一个点或 [圆弧(A)/半宽(H)/长度(L)/放弃(U)/宽度(W)]: w
指定起点宽度 <0.0000>: 0.5
指定端点宽度 <0.5000>:
指定下一个点或 [圆弧(A)/半宽(H)/长度(L)/放弃(U)/宽度(W)]: a
指定圆弧的端点或
[角度(A)/圆心(CE)/方向(D)/半宽(H)/直线(L)/半径(R)/第二个点(S)/放弃(U)/宽度(W)]: r
指定圆弧的半径: 10.5
指定圆弧的端点或 [角度(A)]: 21
指定圆弧的端点或
[角度(A)/圆心(CE)/闭合(CL)/方向(D)/半宽(H)/直线(L)/半径(R)/第二个点(S)/放弃(U)/宽
度(W)]: cl
```

采用以上两种方法绘制出来的图形结果都是一样的，如图 4-30 所示。

2. 绘制椭圆多段线

椭圆无法用"多段线"命令绘制，需要用"椭圆"命令来绘制，但绘制前需要设置一个变量：PELLIPSE。具体操作如下：

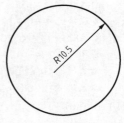

图 4-30　圆形多段线

Step 1　输入"PELLIPSE"，回车，输入"1"，回车，将椭圆设置为多段线。

Step 2　单击椭圆图标或输入"EL"后回车，在图中拖动确定长轴和短轴完成椭圆的绘制。

Step 3　在特性面板中设置椭圆的宽度，也可以通过"PE"命令设置多段线线宽。

【例题 4-16】通过圆环和多段线两种方法分别绘制长半轴长度为 100、短半轴长度为 30 的椭圆，所绘制的椭圆线宽设置为 0.5。

具体操作过程如下：

```
输入 PELLIPSE 的新值 <0>: 1
命令: el ELLIPSE
指定椭圆弧的轴端点或 [中心点(C)]:
指定轴的另一个端点: 200
指定另一条半轴长度或 [旋转(R)]: 30
命令:

命令: PE
PEDIT
选择多段线或 [多条(M)]:
输入选项 [打开(O)/合并(J)/宽度(W)/编辑顶点(E)/拟合(F)/样条曲线(S)/非曲线化(D)/线型
生成(L)/反转(R)/放弃(U)]: w
指定所有线段的新宽度: 0.5
输入选项 [打开(O)/合并(J)/宽度(W)/编辑顶点(E)/拟合(F)/样条曲线(S)/非曲线化(D)/线型
生成(L)/反转(R)/放弃(U)]:
```

以上绘制完成的图形如图 4-31 所示。

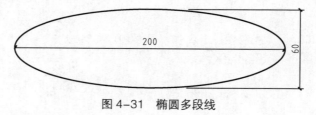

图 4-31　椭圆多段线

4.10　正多边形

4.10.1　定义

在 AutoCAD 中，通过正多边形命令可绘制 3～1024 条等长封闭多线段，如图 4-32 所示。

4.10.2 方法

- 【命令行】：POLYGON（POL）
- 【菜单栏】："绘图"|"正多边形"
- 【工具面板】：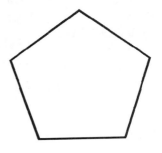多边形

4.10.3 方式

正多边形绘制可以由以下三种的方式来实现。

（1）内接于圆：指正多边形的每个顶点都落在圆周上。半径指从中心到正多边形顶点的距离，如图 4-33 所示。

（2）外切于圆：正多边形的各边都在圆外，且与圆相切。半径指中心到正多边形各边的距离，如图 4-34 所示。

（3）边：通过输入边长来确定正多边形，如图 4-35 所示。

图 4-32 正五边形

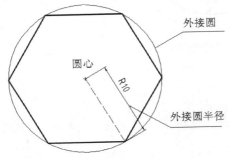

图 4-33 内接于圆的正六边形

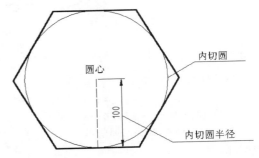

图 4-34 外接于圆的正六边形

【例题 4-17】用正多边形命令绘制图 4-36 所示的图形。

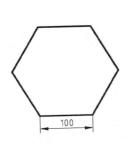

图 4-35 以边绘制的正六边形

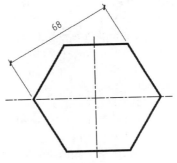

图 4-36 画正六边形

【分析】本题首先要分析已知条件，从正六边形的对边距离可推断出要做一个辅助圆，所要绘制的正六边形是外切于辅助圆的关系，所以本题采用"外切于圆"的方式绘制正六边形。

具体操作过程如下：

```
命令：c CIRCLE 指定圆的圆心或 [三点(3P)/两点(2P)/相切、相切、半径(T)]：
   指定圆的半径或 [直径(D)]：34
```

命令: pol POLYGON 输入边的数目 <4>: 6
指定正多边形的中心点或 [边(E)]:
输入选项 [内接于圆(I)/外切于圆(C)] <I>: c
指定圆的半径: 34
命令:
命令: e ERASE 找到 1 个

【例题4-18】用正多边形等命令绘制图4-37所示的图形。

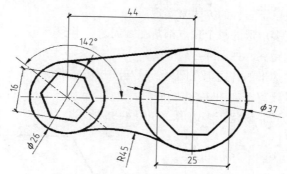

图4-37 用正多边形命令绘图

具体操作过程如下:

命令: c CIRCLE 指定圆的圆心或 [三点(3P)/两点(2P)/相切、相切、半径(T)]:
指定圆的半径或 [直径(D)]: 13
命令: CIRCLE 指定圆的圆心或 [三点(3P)/两点(2P)/相切、相切、半径(T)]: from 基点: <
偏移>: 44
指定圆的半径或 [直径(D)] <13.0000>: 18.5
命令: pol POLYGON 输入边的数目 <4>: 6
指定正多边形的中心点或 [边(E)]:
输入选项 [内接于圆(I)/外切于圆(C)] <I>: c
指定圆的半径: 8
命令: POLYGON 输入边的数目 <6>: 8
指定正多边形的中心点或 [边(E)]:
输入选项 [内接于圆(I)/外切于圆(C)] <C>: c
指定圆的半径: 12.5
命令: l LINE 指定第一点: tan 到
指定下一点或 [放弃(U)]: tan 到
指定下一点或 [放弃(U)]:
命令: c CIRCLE 指定圆的圆心或 [三点(3P)/两点(2P)/相切、相切、半径(T)]: t
指定对象与圆的第一个切点:
指定对象与圆的第二个切点:
指定圆的半径 <18.5000>: 25
命令: a ARC 指定圆弧的起点或 [圆心(C)]: c 指定圆弧的圆心:
指定圆弧的起点:
指定圆弧的端点或 [角度(A)/弦长(L)]:
命令:

```
命令：e ERASE 找到 1 个
命令：ro ROTATE
UCS 当前的正角方向：ANGDIR=逆时针  ANGBASE=0
找到 1 个

指定基点：
指定旋转角度，或 [复制(C)/参照(R)] <0>: 52
```

> **备注**：本题绘图过程中需要用到旋转和修剪两个命令，但这两个命令还未讲解，在此作如下操作说明：
>
> 在绘制与已知两圆公切的半径 *R*=45 的圆弧时，先用"相切+相切+半径"画圆，然后根据所画圆的圆心及其与已知两个圆的切点按照"起点+端点+圆心"方式来画圆弧。当然，这种操作比较烦琐，在接下来学习了修剪工具后，就可以很方便的处理这种问题了。
>
> "旋转（ROTATE）"命令在使用的过程中，首先要先选定一个基准点（也就是绕哪个点进行旋转），而后输入旋转的角度（注意：AutoCAD 中默认顺时针旋转的角度为负，逆时针旋转的角度为正），详细有关旋转命令的使用将在下面的内容里介绍。

【例题 4-19】用正多边形等命令绘制图 4-38 所示的图形。

具体操作过程如下：

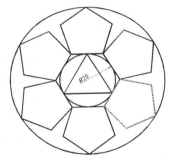

图 4-38 用正多边形命令绘图

```
命令：c CIRCLE 指定圆的圆心或 [三点(3P)/两点(2P)/相切、相切、半径(T)]：
指定圆的半径或 [直径(D)]: 20
命令：pol POLYGON 输入边的数目 <4>: 3
指定正多边形的中心点或 [边(E)]：
输入选项 [内接于圆(I)/外切于圆(C)] <I>：
指定圆的半径：20
命令：POLYGON 输入边的数目 <3>: 6
指定正多边形的中心点或 [边(E)]：
输入选项 [内接于圆(I)/外切于圆(C)] <I>：c
指定圆的半径：20
命令：pol POLYGON 输入边的数目 <6>: 5
指定正多边形的中心点或 [边(E)]：e 指定边的第一个端点：指定边的第二个端点：
命令：POLYGON 输入边的数目 <5>：
指定正多边形的中心点或 [边(E)]：e 指定边的第一个端点：指定边的第二个端点：
命令：POLYGON 输入边的数目 <5>：
指定正多边形的中心点或 [边(E)]：e 指定边的第一个端点：指定边的第二个端点：
命令：POLYGON 输入边的数目 <5>：
指定正多边形的中心点或 [边(E)]：e 指定边的第一个端点：指定边的第二个端点：
命令：POLYGON 输入边的数目 <5>：
指定正多边形的中心点或 [边(E)]：e 指定边的第一个端点：指定边的第二个端点：
命令：POLYGON 输入边的数目 <5>：
```

指定正多边形的中心点或 [边(E)]：e 指定边的第一个端点：指定边的第二个端点：
命令：c CIRCLE 指定圆的圆心或 [三点(3P)/两点(2P)/相切、相切、半径(T)]：
指定圆的半径或 [直径(D)] <20.0000>：
命令：

> 💡 **备注**：本题绘图过程中涉及到多个正五边形是通过逐个进行"以边绘制正多边形"方式绘制的，也可以通过更为简便的"阵列"方式进行绘制，关于阵列方法将在下述内容中详细介绍。

4.11 矩形

4.11.1 定义

矩形是一种平面图形，矩形的四个角都是直角，同时矩形的对角线相等，而且矩形所在平面内任一点到其两对角线端点的距离的平方和相等。在 AutoCAD 绘图中，该命令的使用频率也相当高，如图 4-39 所示。

图 4-39 矩形

4.11.2 方法

- 【命令行】：RECTANG（REC）
- 【菜单栏】："绘图"|"矩形"
- 【工具面板】：▭▾

4.11.3 方式

用户只需指定矩形对角线的两个端点就能画出矩形。在指定完第一个角点后，对于最终矩形大小形状的确定有以下两种不同的方式。

（1）一般用相对坐标输入第二角点。

【例题 4-20】用矩形命令绘制图 4-40 所示的图形。

具体操作过程如下：

```
命令：rec RECTANG
指定第一个角点或 [倒角(C)/标高(E)/圆角(F)/厚度(T)/宽度(W)]：200,100
指定另一个角点或 [面积(A)/尺寸(D)/旋转(R)]：@100,50
```

（2）通过"面积（A）"确定矩形。

这种方式是通过输入面积和一条边长来绘制矩形的。选择"面积（A）"选项回车，先输入"面积值"，选择计算矩形标注时依据"长度（L）"或"宽度（W）"后，再输入相应长度值或宽度值，即可得到所需矩形。

【例题 4-21】用矩形命令中的面积方式来绘制图 4-41 所示的图形。已知：矩形的面积为 100mm²，长度为 20。

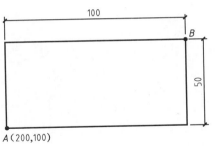

图 4-40 矩形

图 4-41 矩形

具体操作过程如下：

```
命令：rec RECTANG
指定第一个角点或 [倒角(C)/标高(E)/圆角(F)/厚度(T)/宽度(W)]：
指定另一个角点或 [面积(A)/尺寸(D)/旋转(R)]：a
输入以当前单位计算的矩形面积 <100.0000>：100
计算矩形标注时依据 [长度(L)/宽度(W)] <长度>：
输入矩形长度 <10.0000>：20
```

（3）通过"尺寸（D）"确定。

这种方式是通过矩形长宽值画矩形，选择"尺寸(D)"选项回车后，先后输入"长度值"和"宽度值"后，即可得到既定大小的矩形，最后在绘图区再单击一点确定矩形方向。

【例题 4-22】用矩形命令中的尺寸方式来绘制图 4-42 所示的图形。已知：矩形的长度为 20，宽度为 10。

具体操作过程如下：

```
命令：rec RECTANG
指定第一个角点或 [倒角(C)/标高(E)/圆角(F)/厚度(T)/宽度(W)]：
指定另一个角点或 [面积(A)/尺寸(D)/旋转(R)]：d
指定矩形的长度 <10.0000>：20
指定矩形的宽度 <10.0000>：10
指定另一个角点或 [面积(A)/尺寸(D)/旋转(R)]：
```

（4）通过"旋转（R）"确定。

这种方式是通过旋转得到一个旋转一定角度的矩形。旋转的角度顺时针为负，逆时针为正。

【例题 4-23】用矩形命令中的旋转方式绘制图 4-43 所示的图形。已知：矩形对角点 B 相对于 A 点的坐标为（@100,0）。

图 4-42 矩形

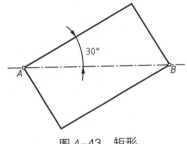

图 4-43 矩形

具体操作过程如下：

```
命令: rec RECTANG
指定第一个角点或 [倒角(C)/标高(E)/圆角(F)/厚度(T)/宽度(W)]:
指定另一个角点或 [面积(A)/尺寸(D)/旋转(R)]: r
指定旋转角度或 [拾取点(P)] <0>: 30
指定另一个角点或 [面积(A)/尺寸(D)/旋转(R)]: @100,0
```

4.11.4　参数设置

通过"矩形"（REC）命令，可以对矩形进行相应的参数设置。

（1）"倒角（C）"：为矩形四角设置倒角，通过确定倒角的距离来确定倒角的大小。

【例题4-24】用"矩形"命令绘制图4-44所示的图形。已知：矩形第一个和第二个倒角距离均为5，矩形的尺寸为 200×100。

具体操作过程如下。

```
命令: rec RECTANG
指定第一个角点或 [倒角(C)/标高(E)/圆角(F)/厚度(T)/宽度(W)]: c
指定矩形的第一个倒角距离 <0.0000>: 5
指定矩形的第二个倒角距离 <10.0000>:5
指定第一个角点或 [倒角(C)/标高(E)/圆角(F)/厚度(T)/宽度(W)]:
指定另一个角点或 [面积(A)/尺寸(D)/旋转(R)]: @200,100
```

（2）"圆角（F）"：为矩形四角设置圆角使其各边光滑过渡，通过定义圆角半径的大小来确定圆角的大小。

【例题4-25】用矩形命令绘制图4-45所示的图形。已知：矩形圆角半径为10，矩形的尺寸为 200×100。

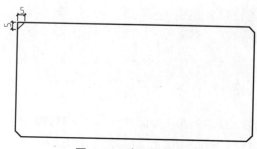

图4-44　矩形倒角

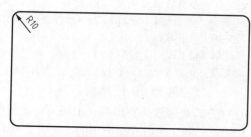

图4-45　矩形圆角

具体操作过程如下。

```
命令: rec RECTANG
指定第一个角点或 [倒角(C)/标高(E)/圆角(F)/厚度(T)/宽度(W)]: f
指定矩形的圆角半径 <0.0000>: 10
指定第一个角点或 [倒角(C)/标高(E)/圆角(F)/厚度(T)/宽度(W)]:
指定另一个角点或 [面积(A)/尺寸(D)/旋转(R)]: @200,100
```

（3）"宽度（W）"：用于设置矩形各边的线宽。

执行"矩形"命令，输入"W"回车，输入指定矩形的线宽值回车，则画出的矩形线宽就是指定宽度，如图 4-46 所示。

（4）"标高（E）"：设置距基面 XY 平面的高度，一般用于三维绘图。该功能在实际平面图纸绘图过程中不常用，所以在此不详细介绍，如有兴趣可自行学习。

（5）"厚度（T）"：设置矩形在 Z 轴方向上的高度，一般用于三维绘图。画出的矩形是立体的，当然要在三维视图下看到。

【例题 4-26】用矩形命令中的厚度方式绘制图 4-47 所示的图形。已知：矩形厚度为 50，矩形的尺寸为 200×100。

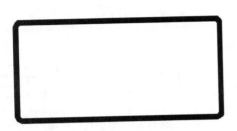

图 4-46　矩形线宽设置效果

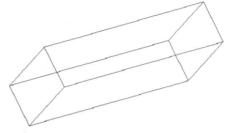

图 4-47　矩形厚度设置效果

具体操作过程如下：

```
命令: rec RECTANG
指定第一个角点或 [倒角(C)/标高(E)/圆角(F)/厚度(T)/宽度(W)]: t
指定矩形的厚度 <0.0000>: 50
指定第一个角点或 [倒角(C)/标高(E)/圆角(F)/厚度(T)/宽度(W)]:
指定另一个角点或 [面积(A)/尺寸(D)/旋转(R)]: @200,100
命令: '_3DFOrbit 按 ESC 或 ENTER 键退出，或者单击鼠标右键显示快捷菜单。
*取消*
```

【例题 4-27】图 4-48 为电梯摄像机的图例，已知图形由矩形、圆弧及环所组成。矩形：900×140，线宽 24；圆弧 $R=450$，直径端点为矩形下边的两端点；线宽 24；圆环内径 120，外径 168，圆环中心点距矩形下边中点距离为 165。

具体操作过程如下：

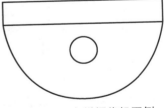

图 4-48　电梯摄像机图例

```
命令: rec RECTANG
指定第一个角点或 [倒角(C)/标高(E)/圆角(F)/厚度(T)/宽度(W)]:
指定另一个角点或 [面积(A)/尺寸(D)/旋转(R)]: @900,140
命令: a ARC 指定圆弧的起点或 [圆心(C)]:
指定圆弧的第二个点或 [圆心(C)/端点(E)]: e
指定圆弧的端点:
指定圆弧的圆心或 [角度(A)/方向(D)/半径(R)]:
命令: do DONUT
指定圆环的内径 <0.5000>: 120
指定圆环的外径 <1.0000>: 168
指定圆环的中心点或 <退出>: _from 基点: <偏移>: 165
```

指定圆环的中心点或 <退出>：*取消*

命令：pe PEDIT 选择多段线或 [多条(M)]：m

选择对象：指定对角点：找到 2 个

选择对象：

是否将直线和圆弧转换为多段线？[是(Y)/否(N)]？<Y>

输入选项 [闭合(C)/打开(O)/合并(J)/宽度(W)/拟合(F)/样条曲线(S)/非曲线化(D)/线型生成(L)/放弃(U)]：w

指定所有线段的新宽度：24

输入选项 [闭合(C)/打开(O)/合并(J)/宽度(W)/拟合(F)/样条曲线(S)/非曲线化(D)/线型生成(L)/放弃(U)]：

【例题 4-28】图 4-49 为彩色枪式摄像机的图例，已知图形由矩形、实心环及连接线所组成。矩形：700×300，线宽 9，圆角 40；实心环外径 64，三个环所组成的矩形 225×125；图例右侧矩形 200×150，中间两条多段线距上下边均为 50；连接线左侧水平线长度 90，左侧垂线长度 240。

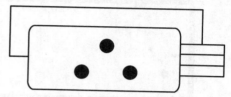

图 4-49　彩色枪式摄像机图例

具体操作过程如下：

```
命令：rec RECTANG
指定第一个角点或 [倒角(C)/标高(E)/圆角(F)/厚度(T)/宽度(W)]：f
指定矩形的圆角半径 <0.0000>：40
指定第一个角点或 [倒角(C)/标高(E)/圆角(F)/厚度(T)/宽度(W)]：
指定另一个角点或 [面积(A)/尺寸(D)/旋转(R)]：@700,300
命令：rec RECTANG
当前矩形模式：　圆角=40.0000
指定第一个角点或 [倒角(C)/标高(E)/圆角(F)/厚度(T)/宽度(W)]：f
指定矩形的圆角半径 <40.0000>：0
指定第一个角点或 [倒角(C)/标高(E)/圆角(F)/厚度(T)/宽度(W)]：
指定另一个角点或 [面积(A)/尺寸(D)/旋转(R)]：@225,125
命令：do DONUT
指定圆环的内径 <10.0000>：0
指定圆环的外径 <20.0000>：64
指定圆环的中心点或 <退出>：
指定圆环的中心点或 <退出>：
指定圆环的中心点或 <退出>：
指定圆环的中心点或 <退出>：
命令：指定对角点：
命令：m MOVE 找到 4 个
指定基点或 [位移(D)] <位移>：　指定第二个点或 <使用第一个点作为位移>：
命令：rec RECTANG
指定第一个角点或 [倒角(C)/标高(E)/圆角(F)/厚度(T)/宽度(W)]：
指定另一个角点或 [面积(A)/尺寸(D)/旋转(R)]：@200,150
命令：l LINE 指定第一点：_from 基点：<偏移>：50
指定下一点或 [放弃(U)]：
```

```
指定下一点或 [放弃(U)]:
命令: LINE 指定第一点: _from 基点: <偏移>: 50
指定下一点或 [放弃(U)]:
指定下一点或 [放弃(U)]:
命令: 指定对角点:
命令: m MOVE 找到 3 个
指定基点或 [位移(D)] <位移>: 指定第二个点或 <使用第一个点作为位移>:
命令: l LINE 指定第一点:
指定下一点或 [放弃(U)]: 90
指定下一点或 [放弃(U)]: 240
指定下一点或 [闭合(C)/放弃(U)]:
指定下一点或 [闭合(C)/放弃(U)]:
指定下一点或 [闭合(C)/放弃(U)]:
命令: pe PEDIT 选择多段线或 [多条(M)]: m
选择对象: 指定对角点: 找到 6 个
选择对象: 指定对角点: 找到 2 个, 总计 8 个
选择对象:
是否将直线和圆弧转换为多段线? [是(Y)/否(N)]? <Y>
输入选项 [闭合(C)/打开(O)/合并(J)/宽度(W)/拟合(F)/样条曲线(S)/非曲线化(D)/线型生成
(L)/放弃(U)]: w
指定所有线段的新宽度: 9
输入选项 [闭合(C)/打开(O)/合并(J)/宽度(W)/拟合(F)/样条曲线(S)/非曲线化(D)/线型生成
(L)/放弃(U)]:
命令:
命令: e ERASE 找到 1 个
```

4.12 修订云线

4.12.1 定义

在检查或用红线圈阅图形时，可以使用修订云线
（REVCLOUD）功能亮显标记，以提高工作效率。 修订云线
（REVCLOUD）用于创建由连续圆弧组成的多段线以构成云线形对
象，如图 4–50 所示。

4.12.2 方法

- 【命令行】: REVCLOUD
- 【菜单栏】: "绘图" | "修订云线"
- 【工具面板】: ![绘制云圈]

图 4–50　修订云线

4.12.3 方式

（1）执行修订"云线（REVCLOUD）"命令后，鼠标可以在绘图区单击一点后，移动鼠标，

最后鼠标回到起点，修订云线自动闭合绘制完毕。

（2）执行"云线（REVCLOUD）"命令后，命令行里出现"指定第一个点或 [弧长（A）/对象（O）/矩形（R）/多边形（P）/徒手画（F）/样式（S）/修改（M）] <对象>:"提示信息。其中：

"弧长（A）"，可以控制修订云线的圆弧弧长大小。执行修订云线（REVCLOUD）命令后，在命令行提示信息窗口里输入"A"回车，输入最小弧长值，回车，再输入最大弧长值，回车。然后在绘图区单击一下移动鼠标，再回到起点即可得到云线，如图4-51所示。【注意：最大弧长值不能超过三倍的最小弧长值】

图4-51 修改弧长后的修订云线

"对象（O）"：可以控制对象变为修订云线。执行"修订云线（REVCLOUD）"命令后，输入"O"回车，点击绘图区里的一条弧线，然后弧线会变成云线，这时在命令行里出现提示"反转方向 [是（Y）/否（N）] <否>:"信息，如果不输入直接空格或者回车，则默认不反向，如果输入"Y"回车则得到的是反向的修订云线，如图4-52所示。

"样式（S）"：执行"修订云线（REVCLOUD）"命令后，输入"S"回车，命令行里出现"选择圆弧样式 [普通（N）/手绘（C）]"的提示信息，如果在命令行里输入"N"回车，画出的云线是普通的单线形式；如果在命令行里输入"C"回车，就是手绘状，如图4-53所示。

图4-52 圆弧转变修订云线　　　　图4-53 订云线样式

"矩形（R）"：矩形修订云线是指通过绘制矩形创建修订云线。用户可以通过指定两个角点创建修订云线，也可以将闭合的对象（如椭圆）转换为修订云线，以亮显要查看的图形部分。

"多边形（P）"：多边形修订云线是指通过绘制多段线创建修订云线，用户可以通过指定点创建新的修订云线，也可以将闭合的对象（如椭圆）转换为修订云线，以亮显要查看的图形部分。

"徒手画（F）"：徒手画修订云线是指通过绘制自由形状的多段线创建修订云线，用户可以通过拖动光标创建新的修订云线，也可以将闭合的对象（如椭圆）转换为修订云线，以亮显要查看的图形部分。

4.13　样条曲线

4.13.1　定义

样条曲线是通过或接近一系列给定点的光滑曲线，适用于创建形状不规则的曲线。在绘图中，用的最多的地方就是随意画一条曲线，比如局部剖视的界线、折断线等，如图4-54所示。

4.13.2 方法

- 【命令行】：SPLINE（SPL）
- 【菜单栏】："绘图"|"样条曲线"
- 【工具面板】：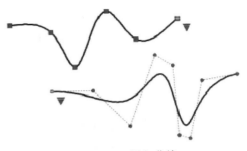

在 AutoCAD 2017"默认"选项卡中的"绘图"
面板里，可采用"样条曲线拟合"和"样条曲线控制
点"两种方式绘制样条曲线，用户可以根据实际需要
点击对应的命令按钮来执行命令。

图 4-54 样条曲线

除此之外，用户也可以在命令行中输入"SPL"，回车，在命令行中提示"指定第一个点或 [方式（M）/节点（K）/对象（O）]:"，再输入"M"，回车，命令行又提示"输入样条曲线创建方式 [拟合（F）/控制点（CV）] <拟合>:"，此时用户可以根据实际需要进行不同样条曲线创建样式的选择。

样条曲线使用拟合点或控制点进行定义，每种方法都有其优点。默认情况下，拟合公差为零，样条曲线直接通过拟合点。使用较大的拟合公差值，样条曲线将靠近或接近拟合点。而控制点定义控制框，控制框提供了一种便捷的方法，使用控制点来设置样条曲线的形状，其鼠标单击的每一点并不是样条曲线的每一个顶点，而是控制样条曲线顶点的一个点。

一般来说，使用通过指定控制点来创建的样条曲线，通过移动控制点调整样条曲线的形状通常可以提供比移动拟合点更好的效果。

在选定的样条曲线上使用"三角形夹点"可在显示控制顶点和显示拟合点之间进行切换。用户可以使用圆形、方形夹点以修改选定的样条曲线。

4.13.3 方式

（1）随意绘制一条样条曲线。指没有设定拟合公差和没有指定控制点的情况下绘制的样条曲线。在命令行里输入"样条曲线（SPL）"命令，或单击默认选项卡中的绘图面板里的"样条曲线拟合"命令按钮后，在 AutoCAD 绘图区上单击一点，再移动鼠标在另外一处单击，需要几个点控制线的形状，那就单击几个点，最后按空格键确认样条曲线形状并退出命令。如图 4-55 所示，鼠标单击的每一点就是样条曲线的每一个顶点。

图 4-55 随意绘制的样条曲线

（2）通过给定控制点绘制一条样条曲线。执行"样条曲线（SPL）"命令后，将鼠标连续地移至给定的点并单击拾取点，直至给定点均拾取完毕，最后按空格键确认样条曲线形状并退出命令，如图 4-56 所示。

（3）接近给定点绘制一条样条曲线。执行"样条曲线（SPL）"命令后，将鼠标移至给定的第一个点并单击拾取该点，此时命令行里出现"输入下一个点或 [起点切向（T）/公差（L）]:"的提示信息，输入"F"，输入拟合公差值，再连续地将鼠标移至其他给定的点并点击拾取点，全部给定点均点击完毕后，最后按空格键确认样条曲线形状并退出命令。如图 4-57 所示，拟合

公差设置为100。

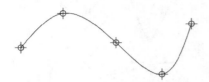

图4-56 通过给定点的样条曲线

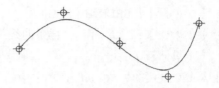

图4-57 接给定点的样条曲线

（4）如果中途放弃绘制，可以按【Esc】键退出。如果想改变这条线的形状，可以选中线条，单击被选中对象上的夹点，并拖动夹点来控制线条的形状，如图4-58所示。

（5）如果需要绘制闭合的样条曲线，执行"样条曲线（SPL）"命令后，鼠标在绘图区单击绘制样条曲线，这时输入"C"回车，再回车一次就可以了，如图4-59所示。

图4-58 拖动夹点改变样条曲线形状

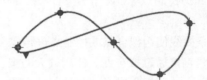

图4-59 闭合的样条曲线

> 🎵 **注意：**
> （1）至少两点确定一条样条曲线；
> （2）需确定起/（端）点的切线方向；
> （3）拟合公差是指样条曲线与给定点的偏差范围。公差越小，样条曲线与拟合点越接近；公差为0时，样条曲线将通过该点。

4.13.4　样条曲线与多段线的转换

1. 多段线转换为样条曲线

- 【命令行】：PEDIT（PE）
- 【菜单栏】："修改"|"对象"|"多段线"
- 【工具面板】：✐

具体操作过程如下。

Step 1　执行"多段线编辑"命令，在命令行窗口提示"输入选项"信息中选择"样条曲线（S）"参数，即输入"S"，回车或空格，可以将多段线拟合成样条曲线。

Step 2　在上一步完成后，此时查看对象属性仍然是"多段线"。这时继续执行样条曲线命令（SPL）回车后，输入参数"O"，回车，选择上面拟合好的多段线回车，就成功地把多段线转换为样条曲线了。

2. 样条曲线转换为多段线

- 【命令行】：FLATTEN
- 【工具面板】：⤢

注意："FLATTEN"命令是 AutoCAD 中 Express 扩展工具包中的命令，在使用该命令前，先确认用户已经安装了这个扩展工具。在 AutoCAD 程序安装时，要选中"Express Tool"安装选项，这样扩展工具才被安装。

3．样条曲线转换为多段线的其他方法

方法 1：将要转换的样条曲线复制另一张空白图中，用"另存为"命令将图纸保存为"AutoCAD R12/LT2 DXF （*.dxf）"格式，如图 4-60 所示。再用 AutoCAD 程序打开刚才保存的"*.dxf"格式文件即可。

方法 2："*.WMF"格式导出导入法

Step 1　在命令行里输入"WMFOUT"命令回车后，会弹出一个提示"创建 WMF 文件"的对话框（见图 4-61），设置了保存文件名和路径以及保存类型"图元文件 （*.WMF）"格式文件后，单击对话框"保存"按钮关闭提示对话框，这时命令行窗口里又提示"选择对象"，选择要转换的样条曲线后回车即可。

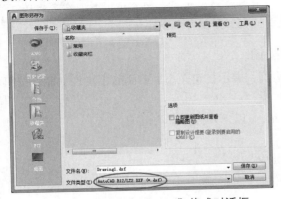

图 4-60　图纸保存"*.dxf"格式对话框

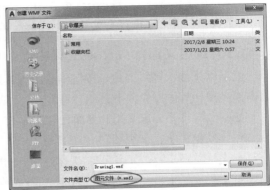

图 4-61　"创建 WMF 文件"对话框

Step 2　用"WMFIN"命令打开刚才保存的"图元文件 （*.WMF）"文件，按提示输入相应参数后，用 AutoCAD 中的分解命令炸开导入的图形，就得到了所要转换的多段线了。具体操作命令过程如图 4-62 和图 4-63 所示。

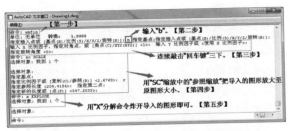

图 4-62　"*.WMF"格式导入操作命令文本框

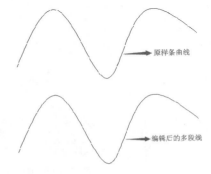

图 4-63　用"*.WMF"导入导出法将样条曲线
转多段线

4.14 多线

4.14.1 定义

多线是由两条或两条以上的直线构成的一组相互平行的直线，这些直线可以根据需要预先设置成不同的线型和颜色，在 AutoCAD 中多线一般用于绘制工程中的墙体、窗、阳台、管道及道路等，如图 4-64 所示。

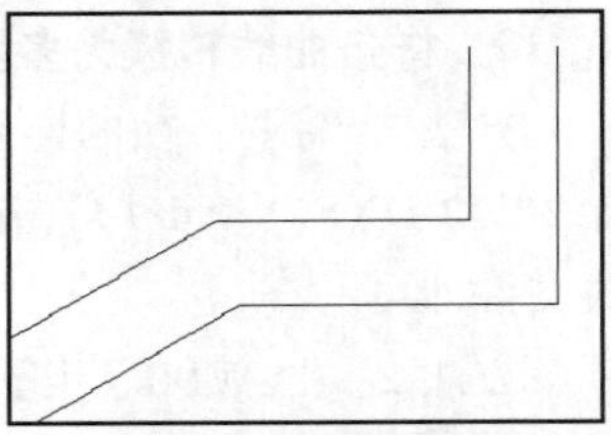

4.14.2 方法

- 【命令行】：MLINE（ML）
- 【菜单栏】："绘图"|"多线"
- 【工具面板】：

图 4-64 多线

> ⚲ 备注：AutoCAD 2017 用户绘图环境中，在默认情况下，绘图面板上是没有多线的命令按钮，用户可通过自定义添加或删除工作空间中工具栏上命令按钮。

4.14.3 自定义添加或删除工具栏上命令按钮

以下以添加"多线"命令按钮到绘图工具栏为例，展示自定义添加或删除工具栏上命令按钮的操作步骤，具体操作如下：

Step 1 打开自定义用户界面，如图 4-65 所示，（以下几种方式均可）。

- 【菜单栏】："视图"|"工具栏"
- 【菜单栏】："工具"|"工作空间"|"自定义"
- 【菜单栏】："工具"|"自定义"|"界面"
- 【命令行】：CUI

Step 2 查找选择"多线"命令。

接下来在命令列表中选择"仅所有命令"，并在命令列表中输入"多线"进行搜索，如图 4-66 所示。

图 4-65 自定义用户界面

图 4-66 自定义用户界面

Step 3   添加"多线"命令按钮至绘图面板。

在"功能区"|"面板"|"二维常用选项卡 – 绘图"列表中双击"第 3 行",右击"第 3 行",在弹出的下拉菜单中选择"新建下拉菜单"选项,并对"新建下拉菜单"选项进行重新命令为"多线"。

在命令列表列出的命令中选中"多线",可通过单击一个图标。然后将命令列表中的"多线"命令,拖至上面新创建的"多线"选项中,再双击"多线"选项,则下拉列表中就多了"多线"命令了,如图 4–67 所示。

以上设置好后,先后单击"自定义用户界面"右下角的"应用"和"确定",返回 AutoCAD 2017 绘图工作界面,则"多线"按钮已成功添加至功能区中的绘图面板里,如图 4–68 所示。

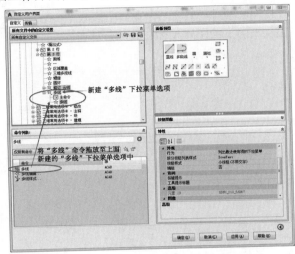

图 4–67   添加命令按钮图标至绘图面板

图 4–68   绘图面板上的"多线"命令按钮

4.14.4   方式

1. 多线样式的创建

要进行多线绘制,首先要对多线的样式进行设置(MLSTYLE)。多线样式主要包括元素特性和多线特性设置,如图 4–69 所示。

（1）元素特性

- 添加元素(通过偏移量控制元素之间的距离);
- 更改元素颜色;
- 更改元素线型。

（2）多线特性

- 设置封口:直线、外弧、内弧及角度;
- 控制连接状态;
- 控制填充颜色。

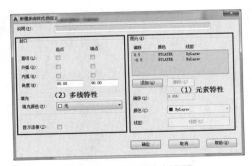

图 4–69   多线样式设置

2. 多线的绘制

（1）比例：默认为 20，用于控制元素之间的距离。

$$多线实际间距=多线比例×元素特性的偏移数值$$

在 AutoCAD 中，多线元素的偏移数值默认为 1。

（2）样式：用于设置当前样式。

（3）对正方式。

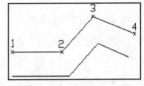

图 4-70 "上对正"对正方式

- 上对正：从左向右绘图时光标在上侧，从右向左绘图时光标在下侧；从上向下绘图时光标在右侧，从下向上绘图时光标在左侧，如图 4-70 所示。

- 中对正：绘图是光标在多线的初始位置，如图 4-71 所示。

- 下对正：从左向右绘图时光标在下侧，从下向上绘图时光标在右侧；从右向左绘图时光标在上侧，从上向下绘图时光标在左侧，如图 4-72 所示。

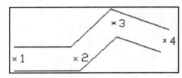

图 4-71 "中对正"对正方式

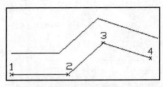

图 4-72 "下对正"对正方式

【例题 4-29】利用"多线"命令绘制图 4-73 所示的图形。

具体操作过程如下：

```
命令：la LAYER（创建图 4-73 所示中心线图层）
命令：1 LINE 指定第一点：（在中心线图层为当前图层下，先画中心线）
指定下一点或 [放弃(U)]：1000
指定下一点或 [放弃(U)]：5020
指定下一点或 [闭合(C)/放弃(U)]：2000
指定下一点或 [闭合(C)/放弃(U)]：
指定下一点或 [闭合(C)/放弃(U)]：@800<135
指定下一点或 [闭合(C)/放弃(U)]：
命令：MLSTYLE                    （按题目要求设置多线样式，如图 4-74 所示）
命令：ml MLINE（以 0 图层为当前图层，执行"多线"命令）
当前设置：对正 = 无，比例 = 1.00，样式 = 自定义1（对多线进行当前设置线命令）
指定起点或 [对正(J)/比例(S)/样式(ST)]：s
输入多线比例 <1.00>：1
当前设置：对正 = 无，比例 = 1.00，样式 = 自定义
指定起点或 [对正(J)/比例(S)/样式(ST)]：j
输入对正类型 [上(T)/无(Z)/下(B)] <无>：z
当前设置：对正 = 无，比例 = 1.00，样式 = 自定义
指定起点或 [对正(J)/比例(S)/样式(ST)]：
指定下一点：
指定下一点或 [放弃(U)]：
指定下一点或 [闭合(C)/放弃(U)]：
指定下一点或 [闭合(C)/放弃(U)]：
```

指定下一点或 [闭合(C)/放弃(U)]:
指定下一点或 [闭合(C)/放弃(U)]:

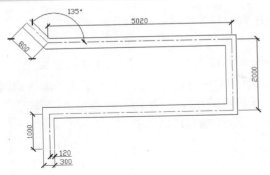

图 4-73 多线例题

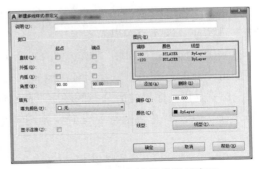

图 4-74 例题多线样式设置窗口

3．多线编辑

编辑多线命令的主要功能如下：

（1）改变两条多线的相交形式。例如：使它们相交成"十"字形或"T"字形。

（2）在多线中加入控制顶点或删除顶点。

（3）将多线中的线条切断或接合。

多线编辑的命令调用方法如下。

- 【命令行】：MLEDIT
- 【菜单栏】："修改"|"对象"|"多线"
- 【其 他】：直接双击多线对象

执行"多线编辑"命令后，在打开的"多段线编辑工具"对话框中，可以使用其中的 12 种编辑工具编辑多线，如图 4-75 所示。值得强调的是：在编辑多线的过程中，用户需要注意的是对象选择的先后顺序。

例：如图 4-76 所示，将图形中的已知两条相交的多线分别进行"T 形闭合"、"十字打开"和"T 形打开"编辑。

图 4-75 "多线编辑工具"

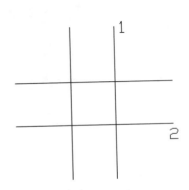

图 4-76 多线编辑例子

具体操作步骤如下：

（1）编辑"T形闭合"

　　双击"多线 1"或"多线 2"，在打开的"多线编辑工具"对话框中，单击选择"T形闭合"编辑工具按钮，返回绘图界面。

　　在绘图界面中，先单击"多线 1"，再单击"多线 2"，即可生成图 4-77（a）所示效果。

　　值得注意的是：单击选择对象的时候，第一个选择的对象是修剪对象，而第二个对象为保留对象。也就是说，如果先后选择的顺序不同，则多线编辑后的效果就不同了。该例中"T形闭合"，如果先选"多线 2"，再选"多线 1"，则图 4-77（b）所示为编辑后的图形。

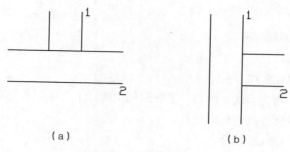

图 4-77　"T形闭合"示例

（2）编辑"十字打开"

　　双击"多线 1"或"多线 2"，在打开的"多线编辑工具"对话框中，单击选择"十字打开"编辑工具按钮，返回绘图界面。

　　在绘图界面中，先单击"多线 1"，再单击"多线 2"，即可生成图 4-78 所示效果。

　　值得注意的是：在编辑多线"十字打开"时，单击选择对象先后是没有区别的，这是与"T形闭合"不同之处。

（3）编辑"T形打开"

　　双击"多线 1"或"多线 2"，在打开的"多线编辑工具"对话框中，单击选择"T形打开"编辑工具按钮，返回绘图界面。

　　在绘图界面中，先单击"多线 1"，再单击"多线 2"，即可生成图 4-79（a）所示效果。

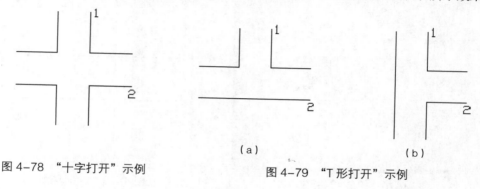

图 4-78　"十字打开"示例

图 4-79　"T形打开"示例

值得注意的是与"T 形闭合"一样,在"T 形打开"中,单击选择对象的时候,第一个选择的是修剪对象,而第二个对象为保留对象。如果先后选择的顺序不同,则多线编辑后的效果就不同了。对图 4-76 进行"T 形打开",如果先选多线 2,再选多线 1,则结果为图 4-79(b)所示图形。

4.15 填充

4.15.1 定义

填充是 AutoCAD 中非常重要的一个命令,用于在指定的填充边界内填充一定线条、颜色等不同样式的图案,以达到表达效果的目的,如剖面、不同的零配件、不同材料和不同事物等。例如,可以用图案填充表达一个机械剖切的区域,也可以使用图案填充来表达花圃的效果,如图 4-80 所示。

图 4-80 图案填充

4.15.2 方法

- 【命令行】:HATCH(H)
- 【菜单栏】:"绘图"|"填充"
- 【工具面板】:

4.15.3 方式

对所绘制的图形进行填充,按照 "调用填充命令"→"选择填充图案类型、设置填充角度和比例"→"填充对象边界选择(拾取点或选择对象)"→"确定"四个步骤操作即可。

1. 设置图案填充

执行"填充"命令后 ,命令行提示"拾取内部点或 [选择对象(S)/放弃(U)/设置(T)]:"信息,输入"T",则打开"图案填充和渐变色"对话框的"图案填充"选项卡,可以设置图案填充时的类型和图案、角度和比例等特性,如图 4-80 所示。

(1)填充需指定图案的类型、角度和比例

如图 4-81 所示,在"类型"右边下拉列表框,设置填充的图案类型,AutoCAD 中填充图案包括"预定义"、"用户定义"和"自定义"3 个选项,如图 4-82 所示。

图 4-81 "图案填充和渐变色"

对话框

- "预定义"选项:可以使用 AutoCAD 提供的图案;
- "用户定义"选项:需要临时定义图案,该图案由一组平行或者互相垂直的两组平行线组成;
- "自定义"选项:可以使用用户事先自定义好的图案。具体做法是将自定义的填充图案(*.pat)文件复制到 AutoCAD 安装目录下的"SUPPORT"子目录即可。新增自定义填充图案导入效果如图 4-83 所示。

图 4-82　填充图案类型设置对话框

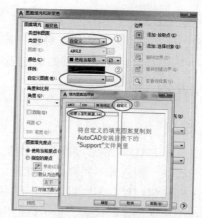

图 4-83　自定义填充图案设置对话框

（2）边界的拾取

- "添加：拾取点"：必须在封闭的图形内部拾取；
- "添加：选择对象"：可以在图像不封闭时使用。

（3）图案填充的关联性

填充的图案随图形的变化而变化，反之则不变。

（4）继承特性

可以将当前图形文件中的图案填充到其他图形中。

值得注意的是，AutoCAD 2017 程序在执行"填充"命令后，除了上述通过打开"图案填充和渐变色"对话框的选项卡进行图案填充设置的传统方式外，用户也可以直接通过功能区的"图案填充创建"选项卡及其面板上的工具按钮进行图案填充设置，如图 4-84 所示，方法与传统方式的设置相似，在此不作重复介绍。

图 4-84　"图案填充创建"功能区

2．设置孤岛样式

单击"图案填充和渐变色"设置对话框右下角的扩展按钮◉，将显示更多选项，如设置孤岛和边界保留等信息，如图 4-85 所示。

孤岛检测样式：指在图形区域中存在包含关系的情况下进行的填充样式。

- "普通"：间隔填充。
- "外部"：由外向内当探测到第二条边界时就停止填充。
- "忽略"：所有边界都填充。

3．使用渐变色填充图形

使用"图案填充和渐变色"对话框的"渐变色"选项卡创建一种或两种颜色形成的渐变色，并对图案进行填充，如图 4-86 所示。

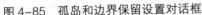

图 4-85 孤岛和边界保留设置对话框

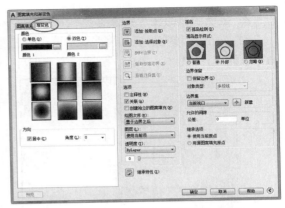

图 4-86 使用渐变色填充设置对话框

4.15.4 编辑图案填充

1. 修改填充图案

创建了图案填充后，如果需要修改填充图案或修改图案区域的边界，可通过以下三种方式进行操作。

（1）在菜单栏选择"修改"|"对象"|"图案填充"命令，然后在绘图窗口中单击需要编辑的图案填充，这时将打开"图案填充编辑"对话框，如图 4-87 所示。

（2）单击选择对象，然后再右击在下拉快捷菜单列表中选择"图案填充编辑"选项，这时也会打开图 4-87 所示的"图案填充编辑"对话框。

（3）直接单击要修改编辑的填充图案，即可打开图 4-84 所示的"图案填充创建"功能区窗口，通过该窗口也可以进一步对填充图案进行修改编辑。

（4）利用对象特性编辑图案：输入"CH"对象特性命令，打开"特性"对话框，然后选择所要编辑的填充图案即可，如图 4-88 所示。

图 4-87 "图案填充编辑"对话框

图 4-88 "对象特性编辑填充图案"对话框

2．控制填充的显示和隐藏

创建了图案填充后，如果需要对填充图案进行暂时隐藏或显示，可在命令行里输入"FILL"命令，回车，再输入"RE"，回车或空格即可，如图 4-89 和图 4-90 所示。

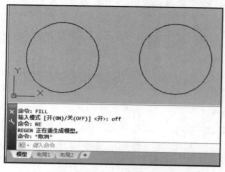

图 4-89　隐藏填充图案

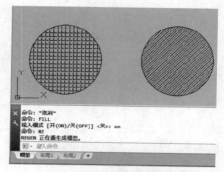

图 4-90　显示填充图案

3．分解填充图案

图案是一种特殊的块，被称为"匿名"块，无论形状多复杂，它都是一个单独的对象。可以使用"X"分解命令来分解一个已存在的关联图案。

图案被分解后，它将不再是一个单一对象，而是一组组成图案的线条。同时，分解后的图案也失去了与图形的关联性，因此，将无法使用"修改"|"对象"|"图案填充"命令来编辑。

4.15.5　无法填充的现象

在 AutoCAD 绘图过程中，也会出现对象无法填充的现象。出现此类问题，主要的原因有以下两个方面：

（1）填充比例问题：填充比例太大，往往会引起无法填充。解决方法是调小比例，可以尝试从小到大调整比例。

（2）显示设置问题。解决方法是执行"OP"命令，在 AutoCAD"选项"|"显示"选项卡设置中，勾选"应用实体填充"，如图 4-91 所示。

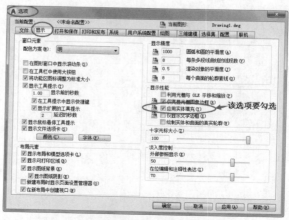

图 4-91　"应用实体填充"显示设置

【例题 4-30】利用填充、多边形命令绘制图 4-92 所示六芒星图例。已知：圆 $R=120$。

具体操作过程如下：

```
命令：c CIRCLE 指定圆的圆心或 [三点(3P)/两点(2P)/相切、相切、半径(T)]：
指定圆的半径或 [直径(D)]：120
命令：pol
POLYGON 输入边的数目 <4>：6
指定正多边形的中心点或 [边(E)]：
输入选项 [内接于圆(I)/外切于圆(C)] <I>：i
指定圆的半径：120
命令：l LINE 指定第一点：
指定下一点或 [放弃(U)]：
指定下一点或 [放弃(U)]：
指定下一点或 [闭合(C)/放弃(U)]：
指定下一点或 [闭合(C)/放弃(U)]：
命令： LINE 指定第一点：
指定下一点或 [放弃(U)]：
指定下一点或 [放弃(U)]：
指定下一点或 [闭合(C)/放弃(U)]：
指定下一点或 [闭合(C)/放弃(U)]：
命令：h HATCH
拾取内部点或 [选择对象(S)/删除边界(B)]：  正在选择所有对象...
正在选择所有可见对象...
正在分析所选数据...
正在分析内部孤岛...
拾取内部点或 [选择对象(S)/删除边界(B)]：
正在分析内部孤岛...
拾取内部点或 [选择对象(S)/删除边界(B)]：
正在分析内部孤岛...
拾取内部点或 [选择对象(S)/删除边界(B)]：
正在分析内部孤岛...
拾取内部点或 [选择对象(S)/删除边界(B)]：
正在分析内部孤岛...
拾取内部点或 [选择对象(S)/删除边界(B)]：
正在分析内部孤岛...
拾取内部点或 [选择对象(S)/删除边界(B)]：
命令：
命令：e ERASE 找到 1 个
```

【例题 4-31】绘制图 4-93 所示五角星图例。已知：五角星内接于 $R=500$ 的圆，且填充的图案类型为预定义 SOLID。

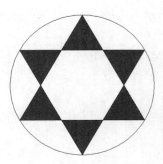

图 4-92 六芒星图例

图 4-93 五角星图例

具体操作过程如下：

命令：C CIRCLE 指定圆的圆心或 [三点(3P)/两点(2P)/相切、相切、半径(T)]：
指定圆的半径或 [直径(D)]：500
命令：POL
POLYGON 输入边的数目 <4>：5
指定正多边形的中心点或 [边(E)]：
输入选项 [内接于圆(I)/外切于圆(C)] <I>：
指定圆的半径：500
命令：L LINE 指定第一点：
指定下一点或 [放弃(U)]：
指定下一点或 [放弃(U)]：
指定下一点或 [闭合(C)/放弃(U)]：
指定下一点或 [闭合(C)/放弃(U)]：
指定下一点或 [闭合(C)/放弃(U)]：
指定下一点或 [闭合(C)/放弃(U)]：
命令：L LINE 指定第一点：
指定下一点或 [放弃(U)]：
指定下一点或 [放弃(U)]：
命令： LINE 指定第一点：
指定下一点或 [放弃(U)]：
指定下一点或 [放弃(U)]：
命令： LINE 指定第一点：
指定下一点或 [放弃(U)]：
指定下一点或 [放弃(U)]：
命令： LINE 指定第一点：
指定下一点或 [放弃(U)]：
指定下一点或 [放弃(U)]：
命令： LINE 指定第一点：
指定下一点或 [放弃(U)]：
指定下一点或 [放弃(U)]：
命令：
命令：E ERASE 找到 1 个
命令：TR TRIM

当前设置:投影=UCS，边=无

选择剪切边...

选择对象或 <全部选择>:

选择要修剪的对象，或按住 Shift 键选择要延伸的对象，或
[栏选(F)/窗交(C)/投影(P)/边(E)/删除(R)/放弃(U)]:

选择要修剪的对象，或按住 Shift 键选择要延伸的对象，或
[栏选(F)/窗交(C)/投影(P)/边(E)/删除(R)/放弃(U)]:

选择要修剪的对象，或按住 Shift 键选择要延伸的对象，或
[栏选(F)/窗交(C)/投影(P)/边(E)/删除(R)/放弃(U)]:

选择要修剪的对象，或按住 Shift 键选择要延伸的对象，或
[栏选(F)/窗交(C)/投影(P)/边(E)/删除(R)/放弃(U)]:

选择要修剪的对象，或按住 Shift 键选择要延伸的对象，或
[栏选(F)/窗交(C)/投影(P)/边(E)/删除(R)/放弃(U)]:

选择要修剪的对象，或按住 Shift 键选择要延伸的对象，或
[栏选(F)/窗交(C)/投影(P)/边(E)/删除(R)/放弃(U)]:

选择要修剪的对象，或按住 Shift 键选择要延伸的对象，或
[栏选(F)/窗交(C)/投影(P)/边(E)/删除(R)/放弃(U)]:

选择要修剪的对象，或按住 Shift 键选择要延伸的对象，或
[栏选(F)/窗交(C)/投影(P)/边(E)/删除(R)/放弃(U)]:

选择要修剪的对象，或按住 Shift 键选择要延伸的对象，或
[栏选(F)/窗交(C)/投影(P)/边(E)/删除(R)/放弃(U)]:

选择要修剪的对象，或按住 Shift 键选择要延伸的对象，或
[栏选(F)/窗交(C)/投影(P)/边(E)/删除(R)/放弃(U)]:

选择要修剪的对象，或按住 Shift 键选择要延伸的对象，或
[栏选(F)/窗交(C)/投影(P)/边(E)/删除(R)/放弃(U)]:

命令:

命令: E ERASE 找到 1 个

命令: H HATCH

拾取内部点或 [选择对象(S)/删除边界(B)]:　正在选择所有对象...

正在选择所有可见对象...

正在分析所选数据...

正在分析内部孤岛...

拾取内部点或 [选择对象(S)/删除边界(B)]:

正在分析内部孤岛...

拾取内部点或 [选择对象(S)/删除边界(B)]:

正在分析内部孤岛...

拾取内部点或 [选择对象(S)/删除边界(B)]:

正在分析内部孤岛...

拾取内部点或 [选择对象(S)/删除边界(B)]:

正在分析内部孤岛...

拾取内部点或 [选择对象(S)/删除边界(B)]:

命令:

> 💡 **备注：** 例题 4-31 绘图过程中，用到了"修剪"命令（TRIM）。对对象进行修剪的具体操作方式是：在命令行输入"TR"，连续回车或空格两次，单击选中不要的图线即可完成修剪目的。具体关于"修剪"命令的使用在下面的图形编辑工具里将详细介绍。

4.16　面域

4.16.1　定义

面域指的是具有边界的平面区域，它是一个面对象，内部可以包含孔。从外观来看，面域和一般的封闭线框没有区别，但实际上面域就像是一张没有厚度的纸，除了包括边界外，还包括边界内的平面。

在 AutoCAD 2017 中，可以将由某些对象围成的封闭区域转换为面域，这些封闭区域可以是圆、椭圆、封闭的二维多段线和封闭的样条曲线等对象，也可以是由圆弧、直线、二维多段线、椭圆弧、样条曲线等对象构成的封闭区域。

4.16.2　应用

（1）用于填充和着色。
（2）使用 MASSPROP 分析对象特性（例如面积）等。
（3）三维制图的基础步骤。

4.16.3　一般方法

- 【命令行】：REGION（REG）
- 【菜单栏】："绘图"|"面域"
- 【工具面板】：▣

要创建面域，根据以上三种调用"面域"命令的一般方法，执行"面域"命令，然后选择一个或多个用于转换为面域的封闭图形，再回车或空格后，即可将它们转换为面域。因为圆、多边形等封闭图形属于线框模型，而面域属于实体模型，因此在选中它们时表现的形式也不相同，如图 4-94 所示。

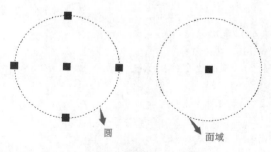

图 4-94　封闭图形与面域的区别

> **注意**：利用以上三种方法调用的面域命令，对象在创建面域的时候应具备以下两个
> 条件：
> （1）所有的线段必须在交点处完全闭合；
> （2）所有的线段不能超越交点（即交点以外不能有多余的部分）。

4.16.4　特殊方法

当在创建面域发现对象条件不满足以上一般方法所适用的条件时，可通过以"边界"来创建面域。"边界"命令调用方法如下：

- 【命令行】：BOUNDARY（BO）
- 【菜单栏】："绘图"|"边界"

执行"边界"命令后，打开"边界创建"对话框（见图 4-95），在该对话框"对象类型"下拉选项中选择"面域"，单击"拾取点（P）"按钮，在命令行提示"拾取内部点"信息下，单击由"边界"所围成的要创建面域的内部任意一点，此时所要创建面域的区域被选中（虚线显示），回车或空格，则命令行提示"BOUNDARY 已创建 1 个面域"，即面域已创建成功。

【例题 4-32】如图 4-96 所示，求由圆弧 *AB*、线段 *AB* 与线段 *CE* 所围成的 *BCE* 区域的面域。

图 4-95　边界创建

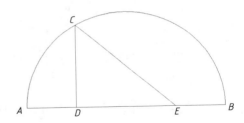

图 4-96　创建区域 BCE 为面域

由已知条件可知，本题所求面域的 *BCE* 不满足一般方法所适用的条件，所以只能通过"边界"命令创建面域，创建完成后的面域如图 4-97 所示。具体命令操作如下：

```
命令：bo BOUNDARY
拾取内部点：　正在选择所有对象...
正在选择所有可见对象...
正在分析所选数据...
正在分析内部孤岛...
拾取内部点：
已提取 1 个环。
已创建 1 个面域。
BOUNDARY 已创建 1 个面域
```

【例题 4-33】如图 4-98 所示，求由圆弧 *JK*、线段 *FG*、线段 *FI*、线段 *GH* 与 *HI* 所围成的 *GHIKJ* 区域的面域。

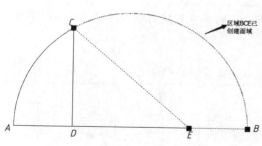

图 4-97 区域 BCE 面域创建效果

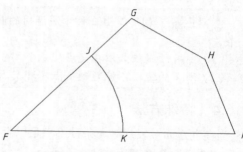

图 4-98 创建区域 *GHIKJ* 为面域

由已知条件可知，本题也是通过"边界"来创建面域的，创建完成后的面域如图 4-99 所示。具体命令操作如下：

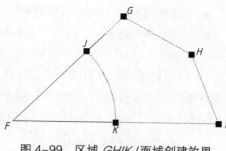

图 4-99 区域 *GHIKJ* 面域创建效果

```
命令：bo BOUNDARY
拾取内部点： 正在选择所有对象...
正在选择所有可见对象...
正在分析所选数据...
正在分析内部孤岛...
拾取内部点：
已提取 1 个环。
已创建 1 个面域。
BOUNDARY 已创建 1 个面域
```

4.16.5 面域操作

面域操作主要集中在布尔运算上，布尔运算是数学上的一种逻辑运算，在 AutoCAD 绘图中对提高绘图效率具有很大作用，尤其当绘制比较复杂的图形时。布尔运算的对象只包括实体和共面的面域，对于普通的线条图形对象无法使用布尔运算。以下就面域合并、面域差集和面域参数查询三个方面进行介绍。

1. 合并面域

所谓合并面域，就是将多个分散的面域合为一体。

- 【命令行】：UNION（UNI）
- 【菜单栏】："修改"|"实体编辑"|"并集"
- 【工具面板】：⊙并集

【例题 4-34】将例题 4-32 和例题 4-33 中所创建的面域进行合并，面域合并后如图 4-100 所示。

具体命令操作如下：

```
命令：uni UNION
选择对象：找到 1 个
选择对象：找到 1 个，总计 2 个
```

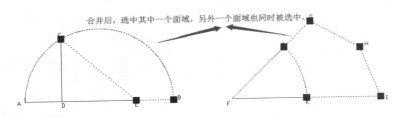

图 4-100　面域合并

2. 扣除面域

所谓扣除面域，就是从大面域中扣除其他面域。

- 【命令行】：SUBTRACT（SU）
- 【菜单栏】："修改" | "实体编辑" | "差集"
- 【工具面板】：◎ 差集

【例题 4-35】如图 4-101 所示，先将矩形和两圆分别创建面域，再将矩形面域扣除掉 O_1 和 O_2 两圆面域。

按要求扣除面域操作完成后的效果图如图 4-102 所示，具体命令操作如下：

命令：reg REGION
选择对象：找到 1 个
选择对象：
已提取 1 个环。
已创建 1 个面域。
命令：reg REGION
选择对象：找到 1 个
选择对象：
已提取 1 个环。
已创建 1 个面域。
命令：reg REGION
选择对象：找到 1 个
选择对象：
已提取 1 个环。
已创建 1 个面域。
命令：su SUBTRACT 选择要从中减去的实体或面域...
选择对象：找到 1 个
选择对象：选择要减去的实体或面域 ..
选择对象：找到 1 个
选择对象：找到 1 个，总计 2 个
选择对象：

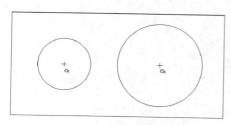

图 4-101 扣除面域

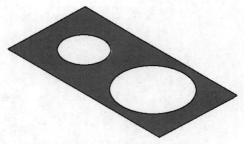

图 4-102 扣除面域后的效果图

3．面域参数的查询

（1）区域命令：AA

使用方法：命令输入 → （对象）选择→ 选择面域。

【例题 4-36】如图 4-103 所示，求三角形 *ABC* 的周长和面积。

做法：通过先把三角形 *ABC* 创建成面域，然后利用面域参数查询功能来求三角形 *ABC* 的周长和面积。

具体命令操作如下：

命令：reg REGION
选择对象：指定对角点：找到 3 个
选择对象：
已提取 1 个环。
已创建 1 个面域。
命令：aa AREA
指定第一个角点或 [对象(O)/加(A)/减(S)]：o
选择对象：
面积 = 5000.0000，周长 = 323.6068

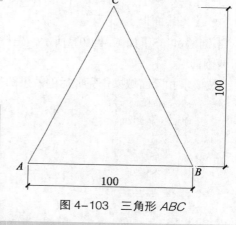

图 4-103 三角形 *ABC*

（2）"面域/质量特性"命令：MASSPROP

使用方法：命令输入 →选择面域→ 回车或空格。

例题 4-36 中的图形也可以通过"MASSPROP"命令来实现对面域 *ABC* 的周长和面积的参数查询。具体操作如下：

命令：MASSPROP
选择对象：找到 1 个
选择对象：
---------------- 面域 ----------------
面积：   5000.0000
周长：   323.6068
边界框：   X：141.8662 -- 241.8662
                Y：110.6228 -- 210.6228
质心：   X：191.8662
                Y：143.9561
惯性矩：   X：106394569.4340
                Y：186146556.8934

惯性积:	XY: 138101559.3221
旋转半径:	X: 145.8729
	Y: 192.9490

主力矩与质心的 X-Y 方向:

| | I: 2777777.7778 沿 [1.0000 0.0000] |
| | J: 2083333.3333 沿 [0.0000 1.0000] |

是否将分析结果写入文件? [是(Y)/否(N)] <否>:

（3）列表命令：LI

使用方法：命令输入 →选择面域→ 回车或空格。

例题 4–36 中的图形也可以通过"LI"命令来实现对面域 *ABC* 的周长和面积的参数查询。具体操作如下：

```
命令: li LIST
选择对象: 找到 1 个
选择对象:
              REGION        图层: 0
                            空间: 模型空间
              句柄 = b2
                            面积: 5000.0000
                            周长: 323.6068
          边界框: 边界下限 X = 141.8662 , Y = 110.6228 , Z = 0.0000
                  边界上限 X = 241.8662 , Y = 210.6228 , Z = 0.0000
```

4.17　块和属性

在实际工程绘图过程中，用户要实现重复绘制和使用同一对象，一般都是通过反复绘制和复制两种途径来实现。但这两种操作的方式都会增加图形数据或增加修改的工作量，严重影响绘图的工作效率。在 AutoCAD 中，块和属性的正确使用就可以解决这个问题。

4.17.1　块定义

图块可以是一个或是多个连接的对象，可以将块看作对象的集合，类似于群组。组成块的对象可位于不同的图层上，并且可具有不同的特性，如线型、线宽和颜色等。

也就是说，把一些基本的图形实体组合在一起，构成较复杂的图形实体，并作为一个图形实体对待，称为图块。

使用图块有以下几个方面的优点：

（1）资源共享，提高工作效率；

（2）建立图形库；

（3）节省存储空间；

（4）便于修改图形；

（5）可以包含属性信息。

4.17.2 使用图块

1. 创建图块

图块有内部块和外部块之分，内部块的有关信息保存在当前图形文件中，外部块则以图形文件的形式存放。

（1）创建内部块

值得强调的是，内部块是对已经绘制的对象建立只能被当前图形所使用的块。

创建内部块命令调用可以通过以下方法：

- 【命令行】：BLOCK（B）
- 【菜单栏】："绘图"|"块"|"创建"
- 【工具面板】：

内部块具体创建的步骤：

Step 1 在 0 图层绘制好准备做成图块的图形。

之所以用 0 层创建图形，是由其具有一定的好处而决定。具体表现在：

- 插入 0 层创建的图块到当前图层，颜色、线性、线宽等可随当前图层而变，如图 4-104 所示。
- 插入非 0 层创建的图块到当前图层，颜色、线性、线宽等不随当前图层而变。

Step 2 执行内部块命令。

执行创建内部块（B）命令后，回车或空格，打开"块定义"对话框，如图 4-105 所示。

图 4-104 用 0 图层创建的图块

图 4-105 "块定义"对话框

Step 3 指定图块名、插入基点和构成图块的对象（见图 4-105）。

- 图块名称：块名最长为 255 个字符，可以包括字母、数字、汉字、$、–和_。
- 基点：指图块插入时的光标定位点。
- 对象：指定新块中要包含的对象，以及创建块以后是保留或删除选定的对象还是将它们转换成块的引用。

【例题 4-37】用内部块的命令将图 4-106 所示的图形定义为"笑脸"的图块，图中图形尺寸不作具体要求。

具体命令操作如下：

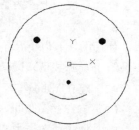

图 4-106 图块操作实例

① 绘制如图 4-106 所示的图形（尺寸不作特殊要求）

```
命令: c CIRCLE
指定圆的圆心或 [三点(3P)/两点(2P)/切点、切点、半径(T)]: 0,0
指定圆的半径或 [直径(D)] <50.0000>: 50

命令: DO
DONUT
指定圆环的内径 <0.0000>:
指定圆环的外径 <5.0000>: 5
指定圆环的中心点或 <退出>: -27,20
指定圆环的中心点或 <退出>: 27,20
指定圆环的中心点或 <退出>:
命令: DO
DONUT
指定圆环的内径 <0.0000>:
指定圆环的外径 <5.0000>: 3
指定圆环的中心点或 <退出>: 0,-15
指定圆环的中心点或 <退出>:

命令: A
ARC
指定圆弧的起点或 [圆心(C)]: c
指定圆弧的圆心: 0,0
指定圆弧的起点: -15,-25
指定圆弧的端点(按住 Ctrl 键以切换方向)或 [角度(A)/弦长(L)]: 15,-25
```

② 在命令行中输入"B"，回车或按空格，打开"块定义（B）"对话框，如图 4-105 所示。

③ 在对话框的"名称"列表框中输入"笑脸"，并拾取绘图区域中"笑脸"的鼻子中心点作为块定义的基点。

④ 选择定义为块的对象（笑脸），并选择"转换为块"单选按钮。

⑤ 其他默认，单击"确定"按钮，关闭对话框，结束操作。

（2）创建外部块

创建外部块也称将图块存盘。值得强调的是，外部块是对已经绘制的对象、以前定义过的内部块，建立可以被所有图形所使用的块。

① 用对话框方法将图块存盘。

用对话框方法创建外部块，其命令调用可以通过以下方法：

● 【命令行】：WBLOCK（W）

● 【工具面板】：

具体创建的步骤：

Step 1　执行"WBLOCK（W）"命令。

执行创建外部块（W）命令后，回车或空格，打开"写块"对话框，如图 4-107 所示。

Step 2　在"写块"对话框中进行设置，如图 4-108 所示。

● 指定外部块的源，有"内部块"、"整个图形"和"对象"三种类型。

● 若源是块，需在"块（B）"右边下拉选项中指定一个已创建好了的块名。

● 若源是对象，需指定插入基点和图形对象（此步骤跟内部块的创建相同）。

● 若源是整个图形，即所要创建的外部块对象是整个绘图区域所包含的图形。

● 指定用于存放外部块的目标文件名和路径。

图 4-107　"写块"对话框　　　　　图 4-108　"写块"对话框设置释义

【例题 4-38】用外部块的命令将图 4-109 所示的图形定义为"正六边形"的图块。

具体命令操作如下：

Step 1　绘制图 4-109 所示的图形（尺寸不做特殊要求），并将所绘制的图形通过"B"命令将其定义为"六边形"内部块。

Step 2　在命令行中输入"W"，回车，打开"写块"对话框。

Step 3　在"写块"对话框中，单击"源"类型中的"块"单选按钮，并从"块"下拉列表中选择图块名"六边形"。

Step 4　在"目标"选项组的"文件名和路径（F）"文本框中输入图块文件所要保存的路径和要保存的文件名称"正六边形"。

Step 5　其他默认设置，单击"确定"按钮，结束写块操作。

② 用命令行方法将图块存盘。

Step 1　在命令行中输入"-WBLOCK"或"-W"命令，回车或空格，打开"创建图形文件"对话框，如图 4-110 所示。

Step 2　在"创建图形文件"对话框中，输入所要创建的存盘图块"文件名"，然后单击"保存"按钮，关闭"创建图形文件"对话框。

Step 3　在命令行窗口提示"输入现有块名或[块=输出文件（=）整个图形（*）] <定义新图形>:"，如图 4-111 所示。用户可根据实际情况选择所要存盘图块的源类型（块、整个图形和定义新图形，三选一）。

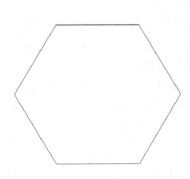

图 4-109　块存盘实例

图 4-110　"创建图形文件"对话框

图 4-111　"用命令行方法将图块存盘"提示信息窗口

- 若存盘图块的源类型本身就是块，则在命令行里输入现有块的名称，如：笑脸；
- 若存盘图块的源类型是整个图形，则在命令行里输入"*"；
- 若存盘图块的源类型定义的是新图形，则直接回车，然后根据命令行提示进行操作即可。

2．图块的插入

在 AutoCAD 中，图块的插入可以通过单个插入图块、阵列插入图块和拖放三种方式来实现对块插入的不同需求。

（1）单个插入图块

在插入块时，可指定块的位置、比例因子和旋转角度等，使用不同的 X、Y 和 Z 值可指定块参照的比例。

- 【命令行】：INSERT（I）
- 【菜单栏】："插入" | "块"
- 【工具面板】：

单个插入块具体操作步骤：

Step 1　执行 INSERT（I）命令。

执行插入图块（I）命令后，回车或空格，打开"插入"对话框，如图 4-112 所示。

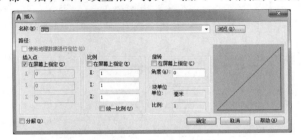

图 4-112　"插入"对话框

Step 2　在"插入"对话框中进行设置（见图 4–112）。

- 指定准备插入块的名称：若插入的图块是外部块，则单击"块名称"右边的"浏览"按钮，进而把保存在某路径的外部块打开导入到"块名称"右边的下拉列表中；若插入的图块是内部块，则直接在"块名称"右边的下拉列表中选择图块。
- 指定插入点：该插入点将与图块的拾取点重合，一般勾选应"在屏幕上指定"。
- 指定插入缩放比例：通过设置比例，可以达到插入图块的变形需求，如图 4–113 所示。
- 指定插入角度：可以实现插入图块的旋转功能，如图 4–114 所示。

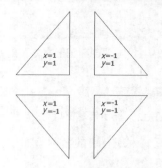

图 4–113　用不同比例因子插入图块　　　　图 4–114　用不同角度插入图块

（2）阵列插入图块

阵列插入也称多重插入，可用于在矩形阵列中插入一个图块的多重实体，即一个块的多个复件按横向和纵向排列起来，形成矩形阵列。值得注意的是，阵列插入的图块是不能分解的。

- 【命令行】：MINSERT

阵列插入块具体操作步骤：

Step 1　执行 MINSERT 命令。

Step 2　输入待插入的内（外）部图块名。

Step 3　指定插入点、比例、角度。

Step 4　指定行数、列数、行间距、列间距。

【例题 4–39】新建一个图形文件，在当前图形中，将图块名为"螺母"的图块进行多重插入形成 3 行 4 列，如图 4–115 所示。

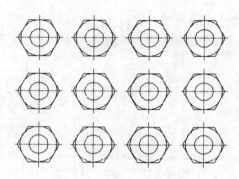

图 4–115　图块的多重插入

具体命令操作如下：

```
命令：la（创建中心线和轮廓线两个图层）
LAYER
命令：c CIRCLE 指定圆的圆心或 [三点(3P)/两点(2P)/相切、相切、半径(T)]：
指定圆的半径或 [直径(D)]：100
命令：pol POLYGON 输入边的数目 <4>：6
指定正多边形的中心点或 [边(E)]：
输入选项 [内接于圆(I)/外切于圆(C)] <I>：c
指定圆的半径：100
命令：c CIRCLE 指定圆的圆心或 [三点(3P)/两点(2P)/相切、相切、半径(T)]：
指定圆的半径或 [直径(D)] <100.0000>：50
命令：l LINE 指定第一点：from（画水平方向中心线）
基点：<偏移>：10
指定下一点或 [放弃(U)]：from
基点：<偏移>：10
指定下一点或 [放弃(U)]：
命令：ro ROTATE（画竖直方向中心线）
UCS 当前的正角方向：ANGDIR=逆时针  ANGBASE=0
选择对象：找到 1 个
选择对象：
指定基点：'os
正在恢复执行 ROTATE 命令。
指定基点：>>
正在恢复执行 ROTATE 命令。
指定基点：
指定旋转角度，或 [复制(C)/参照(R)] <0>：c 旋转一组选定对象。
指定旋转角度，或 [复制(C)/参照(R)] <0>：90
命令：b BLOCK 指定插入基点：
选择对象：指定对角点：找到 5 个
选择对象：
命令：minsert
输入块名或 [?]：螺母
单位：毫米  转换：    1.0000
指定插入点或 [基点(B)/比例(S)/X/Y/Z/旋转(R)]：
输入 X 比例因子，指定对角点，或 [角点(C)/XYZ(XYZ)] <1>：输入 Y 比例因子或 <使用 X 比
例因子>：
指定旋转角度 <0>：
输入行数 (---) <1>：3
输入列数 (||||) <1>：4
输入行间距或指定单位单元 (---)：300
指定列间距 (||||)：300
```

（3）以拖放的方式插入图块

在 AutoCAD 2017 的设计中心里（见图 4-116），用户可以通过鼠标左键拖放操作来插入图块

（见图4-117）。用户有四种方法可以进入AutoCAD 2017的设计中心。

- 【命令行】：ADCENTER（ADC）
- 【菜单栏】："工具"|"选项面板"|"AutoCAD设计中心"
- 【工具面板】：
- 【组合快捷键】：【Ctrl+2】

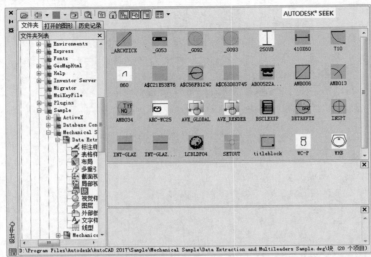

图4-116　AutoCAD 2017设计中心

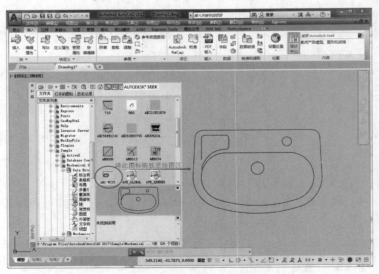

图4-117　在AutoCAD 2017设计中心插入图块

3.图块的编辑

在AutoCAD中，需要在一个块中单独修改一个或多个对象时，可以先将块分解为各个组成对象，然后再进行创建新的块定义，并重定义现有的块定义等操作。

- 【命令行】：EXPLODE（X）
- 【菜单栏】："修改"|"分解"
- 【工具面板】：

分解块，原块定义仍存在于图形中供以后使用。

4．删除块定义

绘图时，使用插入块会大大提高工作效率，但是过多的 AutoCAD 块会使编辑速度变慢。此时，如果要加快 AutoCAD 绘图编辑速度，可以将未使用的块定义删除，这样可从图形中删除块参照，从而大大减小文件体积。

- 【命令行】：PURGE（PU）
- 【菜单栏】："文件"|"绘图实用程序"|"清理"

【例题 4-40】如图 4-118 所示，该图形文件共创建了 3 个块，但是在当前绘图中仅使用了其中的块名称为"三角形"的 1 个块，如果要删除其他 2 个未使用的块定义，该如何操作呢？

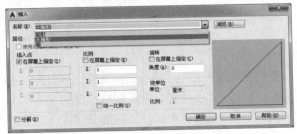

图 4-118　当前文件图块创建状态

具体操作步骤：

Step 1　执行"块定义删除（PU）"命令，打开"清理"对话框，如图 4-119 所示；
Step 2　选择要清理的对象（块），也可以直接单击全部清理，本例中单击"全部清理"；
Step 3　在打开的"确认清理"对话框中，单击"清理所有项目（A）"按钮，如图 4-120 所示；

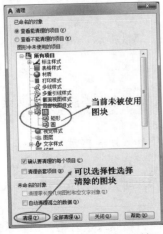

图 4-119　"清理"对话框

图 4-120　"确认清理"对话框

Step 4 返回到"清理"对话框中，并单击对话框下方的"关闭"按钮，关闭"清理"对话框。

此时，执行插入块（I）命令，可以看到当前"插入"对话框里的块定义仅剩当前正在使用的块（见图4-121）。

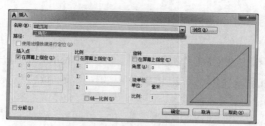

图4-121 清理后的块定义

4.17.3 图块的属性及其应用

绘制图形时，常需要插入多个带有不同名称或附加信息的图块，如果依次对各个图块进行标注，则会浪费很多时间。为图块定义属性，在插入图块的时候为图块指定相应的属性值，这样可以提高绘图效率。

1. 图块属性的概念

属性是在块上附着的文字用来提供交互式的标签或标记，属性定义描述了属性的特性，特性包括标记、提示、值的信息、文字样式、位置以及任何可选模式。

由此可见，图块属性是由属性标记名称和属性值两部分组成，它具有以下几个特性：

* 附着到块上的标签或标记数据；
* 从属于块的非图形信息；
* 块的组成部分。

2. 图块属性的定义

（1）方法

* 【命令行】：ATTDEF（ATT）
* 【菜单栏】："绘图"|"块"|"定义属性"

图块属性的定义主要包括定义属性模式、属性标记、属性提示、属性值、插入点以及属性的文字选项，如图4-122所示。

* "模式"选项组

"不可见（I）"：控制插入块时属性值是否可见。选取后，在向当前图形插入块时将不显示属性值。

"固定（C）"：控制属性值。该模式下，向当前图形中插入块时将赋予该属性一固定值，即常量属性。

"验证（V）"：控制属性的验证操作。选取该模式插入块时，系统提示核对输入的属性值是否正确。

"预置（P）"：控制属性的默认值。选取该模式向当前图形插入块时将使用默认值作为该属性的属性值。

● "属性"选项组

"标记（T）"：在此输入属性标记，也就是创建块之前所显示的标记。标记可以是字母、数字、字符等，但不可以是空格。如果输入的字母为小写，自动转换为大写字母。属性标记不能为空，必须要输入属性标记。

"提示（M）"：输入一些必要的附加信息来提示用户输入相对应的属性值。

"值（L）"：输入属性值，也就是在创建块或插入块时显示的值。

● "文字选项"选项组

"对正（J）"：可以设置输入属性标记在图块中的位置，可根据实际用户需求在"对正"右边的下拉选项中进行选择，再单击"属性定义"对话框中的"确定"按钮，通过光标将属性标记定位到需要的位置上即可。

"文字样式（S）"：指属性标记所使用的文字样式。图块属性标记使用的文字事先要在"格式"|"文字样式"进行设置，设置好后即可在图 4-122"属性定义"对话框中的"文字样式（S）"右侧下拉菜单选项里进行选择操作。高度和旋转角度可根据实际情况进行相对应的设置。

【例题 4-41】如图 4-123 所示，按要求绘制出标高符号，并对标高符号进行块创建及块属性的定义。

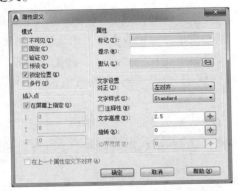

图 4-122 "属性定义"对话框

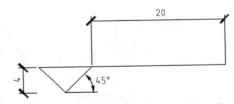

图 4-123 "标高符号"块创建及其属性定义

具体操作步骤：

```
命令：l LINE 指定第一点：
指定下一点或 [放弃(U)]：
指定下一点或 [放弃(U)]：@ 4,-4
指定下一点或 [闭合(C)/放弃(U)]：@ 4,4
命令：l LINE 指定第一点：
指定下一点或 [放弃(U)]：28
指定下一点或 [放弃(U)]：
命令：att ATTDEF          （属性定义对话框里相关选项设置参见图 4-124）
指定起点：
命令：b BLOCK 指定插入基点：（块定义的名称为"标高符号"）
选择对象：指定对角点：找到 4 个
```

按要求绘制完成并插入的图块如图 4-125 所示。

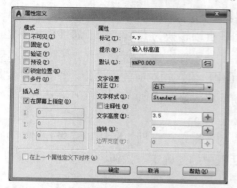

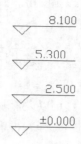

图 4-124 "标高符号"块属性定义的设置　　图 4-125 "标高符号"图块创建后的效果

3. 图块属性的修改

- 【命令行】：DDEDIT
- 【菜单栏】："修改"|"对象"|"文字"|"编辑"
- 【工具面板】：编辑属性

AutoCAD 2017 版本中的块编辑属性有"单个"和"多个"两种方式。"单个"方式主要是指编辑块中每个属性的值、文字选项和特性；"多个"方式则是指单独编辑或全局编辑块的可变属性。

默认情况下是采用"单一"方式进行编辑，即执行"编辑属性"命令后，选择块对象，打开"增强属性编辑器"对话框，修改块属性定义中的属性标记名称、提示和默认值，如图 4-126 所示。

在"编辑属性"中选择"多个"方式执行命令时，命令行提示"是否一次编辑一个属性？[是（Y）/否（N）]<Y>:"信息，指定是单独输入还是全局输入更改。

如果选择"是"，即表示一次编辑一个属性。属性必须可见并且平行于当前 UCS。使用此方法，除了可以修改文字字符串外，还可以更改特性（例如，高度和颜色）。

如果选择"否"，即表示一次编辑多个属性。全局编辑属性只限于用一个文字字符串（或属性值）替换另一个字符串。全局编辑适用于可见属性和不可见属性。

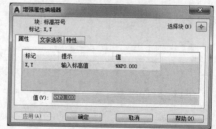

图 4-126 "增强属性编辑器"对话框

在选择好是否一次编辑一个属性后，命令行里相继出现如下提示信息：

- 输入块名定义 <*>：输入块的名称，它包含要编辑的属性。如果按回车而不指定块，则可以编辑任何块插入中的属性。

- 输入属性标记定义 <*>：输入要更改的属性标记。如果按回车而不指定标记名称，则可以编辑任何标记的属性，属性值应区分大小写。

- 输入属性值定义 <*>：输入要更改的属性值。如果按回车而不指定属性值，则可以编辑任意值，属性值应区分大小写。

● 选择属性：在绘图区域中，查找块插入，然后选择要更改的属性。

在用户选择所要修改的属性后，只有当在用户此前输入"是"一次编辑一个属性时，才显示"输入选项 [值（V）/位置（P）/高度（H）/角度（A）/样式（S）/图层（L）/颜色（C）/下一个（N）] <下一个>: *"提示。

在用户选择所要修改的属性后，如果用户在此前一次编辑一个属性的提示下输入"否"，将显示以下提示：

是否仅编辑屏幕可见的属性？［是(Y)/否(N)］<Y>:
输入要修改的字符串：（输入要编辑的属性值）
输入新字符串：（输入新的属性值）

4．图块属性可见性的控制

在 AutoCAD 绘图过程中，用户可以通过操作控制图块属性显示可见性。

（1）命令调用方法

● 【命令行】：ATTDISP

● 【菜单栏】："视图" | "显示" | "属性显示"

（2）具体操作

命令：ATTDISP
输入属性的可见性设置 ［普通(N)/开(ON)/关(OFF)］<普通>: off
正在重生成模型。

命令： ATTDISP 输入属性的可见性设置 ［普通(N)/开(ON)/关(OFF)］ <关>: on
正在重生成模型。

5．图块属性的提取

图块属性的提取功能是从 AutoCAD 中查询图形的块属性信息并保存至外部文件，以供数据库或电子表格软件进行分析处理。

图块属性的提取方式通常有"EAATEXT"和"AATEXT"有两种。

（1）"EATTEXT"法：通过打开"属性提取"向导，提取图块中附着的属性信息来生成清单，并输出到外部文件中。

① 命令调用方法。

● 【命令行】：EATTEXT

● 【菜单栏】："工具" | "数据提取"

② 具体操作：

在 AutoCAD 中打开一张包含属性块的图纸。

在命令行中输入"EATTEXT"，回车，执行"数据提取"命令后，会弹出一个操作向导，指引用户一步步完成操作。

首先弹出的是第 1 页，此向导提示可以将块属性数据提取到当前图形表中，或提取到外部文件中。在选择"创建新数据提取"的时候，可以用以前提取的数据作为样板；而在此页面中，以选择"从头创建表或外部文件"方式为例，也就是勾选"创建新数据提取"选项，不勾选"将上一个提取用作样板"，来进一步介绍数据提取的过程，如图 4-127 所示。

在数据提取的第一页对话框中，单击"下一步"，弹出"将数据提取另存为"的对话框，设置好保存的文件名和保存的路径后，单击"保存"按钮，则进入到向导第二页选择图形。在此页面里，用户可以选择从当前图形甚至整个图纸集提取数据，也可以只提取选定对象的数据，这里以单击选择"当前图形"为例来进一步介绍属性提取的过程，如图 4-128 所示。

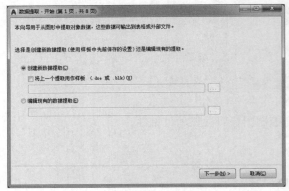

图 4-127 "数据提取"第一页   图 4-128 "数据提取"第二页

在属性提取的第二页对话框中，单击"下一步"，进入到向导第三页"数据提取-选择对象"对话框。在此页面里，用户可以选择要从中提取数据的对象，如图 4-129 所示。

在属性提取的第三页对话框中，单击"下一步"，进入到向导第四页"数据提取-选择特性"对话框。在此页面里，基于选定的对象，用户可以选择要提取的特性，如图 4-130 所示。

图 4-129 "数据提取"第三页   图 4-130 "数据提取"第四页

在属性提取的第四页对话框中，单击"下一步"，进入到"数据提取-优化数据"对话框。在此页面里，用户在该视图中将重新排序、过滤结果、添加公式列以及创建外部数据链接，如图 4-131 所示。

在数据提取的第五页对话框中，单击"下一步"，进入到"数据提取-选择输出"对话框。在此页面里，用户可以为该数据提取选择输出类型，在此选择"将数据提取处理表插入图形（L）"，如图 4-132 所示。

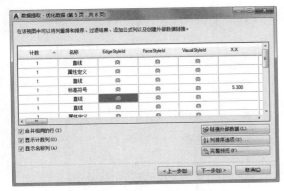

图 4-131　"数据提取"第五页

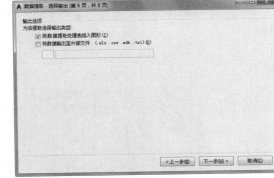

图 4-132　"数据提取"第六页

在数据提取的第六页对话框中，单击"下一步"，进入到"数据提取-表格样式"对话框。在该对话框中，用户可以对表格样式及其格式结构等进行设置，如图 4-133 所示。

在数据提取的第七页对话框中，单击"下一步"，进入"数据提取-完成"对话框，用户在该对话框下方单击"完成（F）"按钮之后，将提示用户指定插入点，也就是用户想把提取到的表插入到哪个位置上，如图 4-134 所示。

图 4-133　"数据提取"第七页

块属性数据提取				
计数	名称	X.X	文件名	高度
1	标高符号	5.300	标高符号2.dwg	
1	标高符号	8.100	标高符号2.dwg	
1	标高符号	±0.000	标高符号2.dwg	
1	标高符号	2.500	标高符号2.dwg	
4	属性定义		标高符号2.dwg	3.5000
12	直线		标高符号2.dwg	

图 4-134　"数据提取"完成效果

（2）"ATTEXT"法：将当前图形文件中所需选择的图块属性数据提取出来，并以一定格式（*.txt）写入指定的磁盘里。在提取属性前，必须先创建一个数据格式的样板文件。

样板文件是扩展名为"txt"的文本文件，用于指定提取某些属性数据的存放格式。样板文件中每行放置一个字段并设置该字段的字段数据类型中间用空格隔开，空格数不限，如图 4-135 所示。

字段数据类型栏中的"C"或"N"分别用来表示该字段是字符型或数字型，紧接"C"或"N"后面的三位数表示字段宽度，后三位数表示数字型字段的小数点后的数字位数。

① 命令调用方法如下。

【命令行】：ATTEXT

② 具体操作：

Step 1　在 AutoCAD 中打开一张包含属性块的图纸。

Step 2　在绘图命令行里输入"ATTEXT"命令，回车，打开"属性提取"对话框，如图4–136所示。

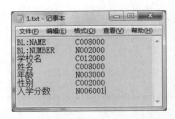

图4–135　"样板文件"完成效果

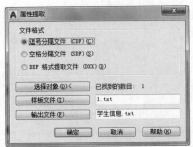

图4–136　"属性提取"对话框

- "文件格式"选项组：确定提取属性的文件格式。选中用"CDF"和"SDF"格式输出时都要用到"样板文件"，需要单击"属性提取"对话框中的"样板文件（T）"按钮进行选择，打开样板文件。
- "选择对象"：单击该按钮，AutoCAD暂时退出"属性提取"对话框，返回绘图操作界面。用户选取当前图形中带属性的块，选取完成并回车后，返回"属性提取"对话框，在对话框中就会显示出所选块的个数，如图4–136所示。
- "样板文件"：单击该按钮，打开图4–137所示的"样板文件"对话框，指定样本文件路径，选中样本文件，单击"样板文件"对话框中的"打开"按钮，返回"属性提取"对话框，此时就会在"样板文件"按钮右边的文本框里显示所选择的样板文件名称。
- "输出文件"：单击该按钮，打开图4–138所示的"输出文件"对话框，用户从中定义输出文件名和保存路径。单击"输出文件"对话框中的"保存"按钮，返回"属性提取"对话框，此时就会在"输出文件"按钮右边的文本框里显示保存的输出文件名称。

Step 3　单击"属性提取"对话框中的"确定"按钮，则图块属性提取的信息就在上述指定保存路径里以"输出文件"的形式生成。打开输出文件，显示的信息如图4–139所示。

图4–137　"样板文件"对话框

图4–138　"输出文件"对话框

6．使用带属性的图块

在AutoCAD绘图中，使用带属性的图块时，一般操作的步骤为：

Step 1　绘制图块的图形；

Step 2　定义属性；

Step 3　块定义：将图形和属性一起定义为图块（注意：在创建块之前，要先对图形进行属性定义）；

Step 4　插入图块。

【例题 4-42】如图 4-140 所示，按要求绘制出网络接口图例，并对网络接口进行块属性的定义及块创建。

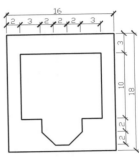

图 4-139　图块属性提取内容　　　　　图 4-140　网络接口图例

具体操作步骤：

（1）绘制网络接口图例

```
命令：rec RECTANG
指定第一个角点或 [倒角(C)/标高(E)/圆角(F)/厚度(T)/宽度(W)]：
指定另一个角点或 [面积(A)/尺寸(D)/旋转(R)]：
>>输入 ORTHOMODE 的新值 <0>：
正在恢复执行 RECTANG 命令。
指定另一个角点或 [面积(A)/尺寸(D)/旋转(R)]：@16,-18
命令：l LINE 指定第一点：from 基点：<偏移>：@2,-3
指定下一点或 [放弃(U)]：@0,-10
指定下一点或 [放弃(U)]：3
指定下一点或 [闭合(C)/放弃(U)]：2
指定下一点或 [闭合(C)/放弃(U)]：@2,-2
指定下一点或 [闭合(C)/放弃(U)]：2
指定下一点或 [闭合(C)/放弃(U)]：@2,2
指定下一点或 [闭合(C)/放弃(U)]：2
指定下一点或 [闭合(C)/放弃(U)]：3
指定下一点或 [闭合(C)/放弃(U)]：10
指定下一点或 [闭合(C)/放弃(U)]：c
```

（2）将网络接口图例块属性进行定义

在命令行里输入"ATT（属性定义）"的命令，回车，打开"属性定义"对话框，在"属性定义"对话框里进行详细设置，如图 4-141 所示。设置好后，单击"确定"按钮，关闭"属性定义"对话框，返回绘图界面，选择起点（即：将刚才设置好的属性标记放置在绘制图形的正下方），如

图 4-142 所示。该步骤在命令行里的命令如下所示：

```
命令：att ATTDEF
指定起点：<对象捕捉 开> from
基点：<偏移>：
>>输入 ORTHOMODE 的新值 <0>：
正在恢复执行 ATTDEF 命令。
<偏移>：@0,-2
```

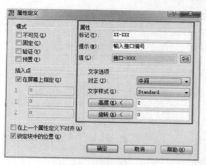

图 4-141 "网络接口图例属性定义"设置对话框

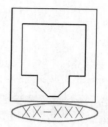

图 4-142 属性定义标记

（3）网络接口图例创建块

在命令行里输入"B（创建块）"的命令，回车，打开"块定义"对话框，在"块定义"对话框的"名称"列表框中输入"网络接口"，单击对话框中的"选择对象"，返回绘图界面，把网络接口的图例及其属性定义一起选中，回车，再次打开"块定义"对话框，在"对象"选项里选择"转换为块"单选按钮，单击基点处的"拾取点"按钮，在绘图界面的网络接口图例中确定一个插入基点，"块定义"对话框的其他设置默认不变，单击"确定"按钮，关闭对话框，结束此步操作。

（4）插入网络接口图块

在命令行里输入"I（插入块）"的命令，回车，打开"插入"对话框，在"插入"对话框的"名称"列表下拉选项中选择刚才创建的"网络接口"图块，"插入"对话框的其他设置默认不变，单击"确定"按钮，在绘图界面里指定插入点，并输入接口编号（块的属性值）"接口-001"，回车即可，如图 4-143 所示。

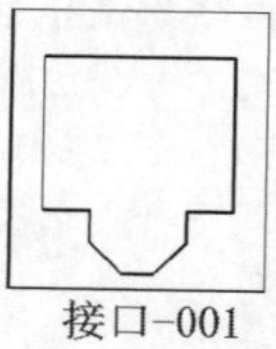

接口-001

图 4-143 网络接口图块及其属性

第5章 编辑工具

在绘图时，单纯地使用绘图工具只能创建一些基本对象。为了获得所需图形，在很多情况下都必须借助图形编辑命令，对图形基本对象进行加工。

在 AutoCAD 2017 中，系统提供了丰富的图形编辑命令，常见的包括删除、复制、镜像、阵列、移动、旋转、缩放、拉伸、修剪、延伸、打断、倒角、圆角和分解等。在 AutoCAD 绘图中，编辑命令和绘图命令的使用是相辅相成的，只有两者灵活综合应用，才能真正掌握 AutoCAD 使用的要求，如图 5-1 所示。

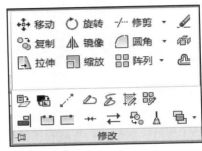

图 5-1 AutoCAD 2017 修改工具面板

5.1 删除

5.1.1 定义

从图形中删除选定的对象。在 AutoCAD 中，"删除"命令是最常用的命令之一。用户创建完的图形可能不满足需要或有错误的地方，这种情况下就用到了"删除"命令。用户可以使用"删除"命令，删除一个或多个对象。可以先选择"删除"命令再拾取对象，也可以拾取对象后再选择"删除"命令，进行删除。

5.1.2 方法

- 【命令行】：ERASE（E）
- 【菜单栏】："修改"|"删除"
- 【工具面板】：

5.1.3 方式

（1）使用点选方式删除对象

首先，在命令行输入"E"删除命令，按空格或回车确认，单击选择要删除的对象，被选中的对象呈虚线显示，按空格或回车确认，即可删除图像。这种方式适用于对于单个对象的删除操作。

（2）使用框选方式删除对象

对于框选选择对象，在前面的第一篇模块三项目二中已作了详细的介绍，具体分为"用矩形窗口选择对象"和"用交叉窗口选择对象"两种，注意这两种框选的不同之处。

在框选对象后，按空格或回车确认即可删除图像。这种方式适用于多个对象的删除操作。

（3）其他删除对象的步骤

在命令行输入删除命令"E"，按空格或回车键确认，在命令行继续输入"L"，将选中上一个编辑对象，按空格或回车确认，即可删除图像。

此外，在命令行输入"E"，回车，然后在命令行继续输入"？"，回车，命令行里会出现一系列选择方式，用户可以根据需要进行选择，选择方式如图5-2所示。

图5-2 删除对象多种选择方式

5.2 修剪

5.2.1 定义

删去对象超过指定剪切边的部分。可修剪的对象为：弧、圆、椭圆弧、直线、打开的二维和三维多段线，射线、构造线和样条曲线。

5.2.2 方法

- 【命令行】：TRIM（TR）
- 【菜单栏】："修改"|"修剪"
- 【工具面板】：✂修剪▾

5.2.3 方式

在AutoCAD中，常见的修剪方式主要有以下四种：

（1）通过选择修剪边界进行修剪。

Step 1 在命令行里输入"TR"命令，回车；

Step 2 选择修剪边界线，回车；

Step 3 择要修剪的对象，回车（结束命令）。

【例题5-1】如图5-3所示，按要求将图5-3（a）所示图形通过修剪绘制成图5-3（b）所示五角星图例。

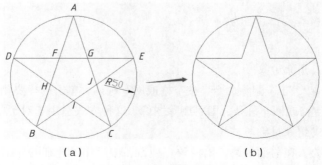

（a）　　　　　　　　　　　　（b）

图5-3 "修剪"例图

具体操作步骤：

Step 1 绘制如图 5-3（a）所示图形。

命令：c CIRCLE 指定圆的圆心或 [三点(3P)/两点(2P)/相切、相切、半径(T)]：
指定圆的半径或 [直径(D)] <50.0000>：50
命令：pol POLYGON 输入边的数目 <5>：
指定正多边形的中心点或 [边(E)]：
输入选项 [内接于圆(I)/外切于圆(C)] <I>：i
指定圆的半径：50
命令：l LINE 指定第一点：
指定下一点或 [放弃(U)]：
指定下一点或 [放弃(U)]：
指定下一点或 [闭合(C)/放弃(U)]：
指定下一点或 [闭合(C)/放弃(U)]：
指定下一点或 [闭合(C)/放弃(U)]：
指定下一点或 [闭合(C)/放弃(U)]：
命令：
命令：e ERASE 找到 1 个

Step 2 通过"修剪"命令，修剪掉 *FG*、*FH*、*HI*、*IJ* 和 *JG* 线段，得到图 5-3（b）所示图形。

在通过选择修剪边进行修剪的命令操作中，首先输入"TR"，回车；选择剪切边 *AF* 和 *AG*（见图 5-4），回车；选择修剪的对象 *FG*，回车结束命令，则 *FG* 线段就被修剪掉了。其他的几条线段的修剪方法与 *FG* 相同，*FG* 修剪命令执行过程如下：

命令：tr TRIM
当前设置:投影=UCS，边=无
选择剪切边...
选择对象或 <全部选择>：找到 1 个
选择对象：找到 1 个，总计 2 个
选择对象：
选择要修剪的对象，或按住 Shift 键选择要延伸的对象，或
[栏选(F)/窗交(C)/投影(P)/边(E)/删除(R)/放弃(U)]：
选择要修剪的对象，或按住 Shift 键选择要延伸的对象，或
[栏选(F)/窗交(C)/投影(P)/边(E)/删除(R)/放弃(U)]：

此外，在实际的执行"修剪"命令的过程中，对于命令行出现"选择剪切边...选择对象或 <全部选择>:"提示，除了按图 5-4 所示的方法逐个选择所要被修剪对象的剪切边外，还可以将图形中剪切边和被修剪对象全部作为剪切边进行选择（见图 5-5），然后回车确认，再选择被修剪的对象即可。

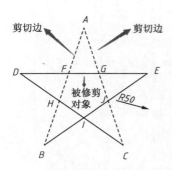

图 5-4　以"选择对象"方式确定剪切边

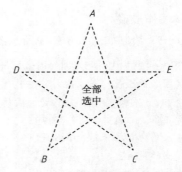

图 5-5　以"全部选择"方式确定剪切边

（2）无边界自定义修剪

Step 1	在命令行里输入命令"TR"；
Step 2	连续"回车"两次；
Step 3	选择要修剪的对象；
Step 4	回车（结束命令）。

如图 5-3（a）所示，采用无边界自定义修剪方式操作时，详细命令执行过程如下。

```
命令: tr TRIM
当前设置:投影=UCS,边=无
选择剪切边...
选择对象或 <全部选择>:
选择要修剪的对象, 或按住 Shift 键选择要延伸的对象, 或
[栏选(F)/窗交(C)/投影(P)/边(E)/删除(R)/放弃(U)]:
选择要修剪的对象, 或按住 Shift 键选择要延伸的对象, 或
[栏选(F)/窗交(C)/投影(P)/边(E)/删除(R)/放弃(U)]:
选择要修剪的对象, 或按住 Shift 键选择要延伸的对象, 或
[栏选(F)/窗交(C)/投影(P)/边(E)/删除(R)/放弃(U)]:
选择要修剪的对象, 或按住 Shift 键选择要延伸的对象, 或
[栏选(F)/窗交(C)/投影(P)/边(E)/删除(R)/放弃(U)]:
选择要修剪的对象, 或按住 Shift 键选择要延伸的对象, 或
[栏选(F)/窗交(C)/投影(P)/边(E)/删除(R)/放弃(U)]:
选择要修剪的对象, 或按住 Shift 键选择要延伸的对象, 或
[栏选(F)/窗交(C)/投影(P)/边(E)/删除(R)/放弃(U)]:
```

（3）栏选修剪

"栏选"功能主要针对 AutoCAD 2006 以下的版本，用于提高修剪操作的方便性，"栏选"主要使用在"修剪（TR）"、"延迟（EX）"等命令上，因为低版软件本没有窗选功能。

例如，选定剪切边界后，在提示选择修剪对象时，如果直接用鼠标，一次只能选择一个对象。如果选择多个对象，可输入"F"栏选后，穿过要被修剪的对象上连续画线，最后按回车或空格确认，所有被所画线穿过的对象将被修剪，这个过程称为栏选。

在 AutoCAD 修剪中，用栏选方式具体操作过程如下：

Step 1　在命令行里输入命令 "TR"；

Step 2　连续回车两次；

Step 3　输入 "F" 回车；

Step 4　单击指定第一栏选点和指定第二栏选点，回车（结束命令）（这样在栏选范围内并且有边界的对象将被修剪）。

【例题 5-2】如图 5-6 所示，将左图图形通过栏选方式修剪成右图图形。

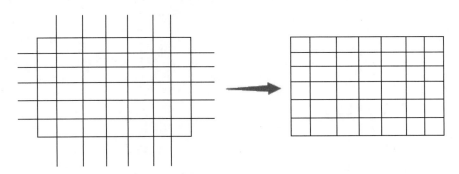

图 5-6　"修剪"剪切边的全部选择方式

具体操作步骤：

```
命令：tr TRIM
当前设置:投影=UCS，边=无
选择剪切边...
选择对象或 <全部选择>：
选择要修剪的对象，或按住 shift 来选择要延伸的对象或 [栏选(F)/窗交(C)/投影(P)/边缘模式
(E)/删除(R)/撤销(U)]：f
第一个栏选点：（栏选状态下画线，如图 5-7 所示）
指定直线的端点或 [放弃(U)]：
指定直线的端点或 [放弃(U)]：
指定直线的端点或 [放弃(U)]：
指定直线的端点或 [放弃(U)]：
指定直线的端点或 [放弃(U)]：
选择要修剪的对象，或按住 shift 来选择要延伸的对象或 [栏选(F)/窗交(C)/投影(P)/边缘模式
(E)/删除(R)/撤销(U)]：
```

（4）窗交修剪

在 AutoCAD 2006 及以上的高版本中，使用修剪命令选择要修剪的对象时，可以直接用窗交的方式进行，就是单击再拖动鼠标从右至左或从左至右形成小矩形框，与被修剪对象相交选择（见图 5-8），即可实现修剪被修剪对象了。

在 AutoCAD 修剪中，窗交方式操作过程具体如下：

Step 1　在命令行里输入命令"TR";

Step 2　连续回车两次;

Step 3　输入"C",回车;

Step 4　鼠标指定第一个角点和指定对角点,回车或空格(结束命令)(这样在窗交矩形框范围外的对象将被修剪)。

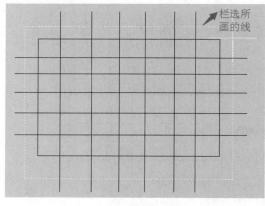

图 5-7　栏选画线

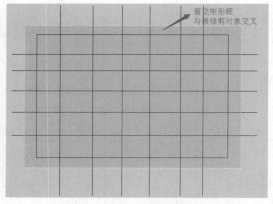

图 5-8　窗交画框

【例题 5-3】在 C 盘的根目录下新建一个文件夹,文件夹的名称为"用户姓名+专业",将素材文件"CAD2017\PZ2\CADST5-3.dwg"复制到用户新建文件夹中,并在文件夹中打开该文件,如图 5-9(a)所示。要求利用"修剪"命令编辑图形,修剪后的图形如图 5-9(b)所示。

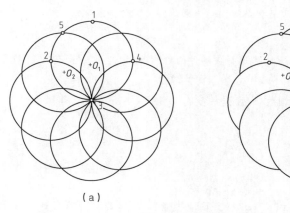

（a）　　　　　　　　　　　　（b）

图 5-9　"修剪"例图

具体操作步骤如下:

在命令行里输入"TR",回车,选择圆 O_2 作为剪切边(见图 5-10),回车,单击所要修剪的圆弧 $\overset{\frown}{523}$,即可得到圆弧 $\overset{\frown}{143}$。其他圆弧的操作同样照此方法进行,最终得到图 5-10(b)所示图形。

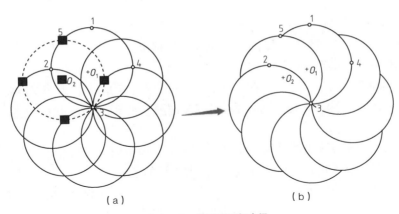

（a）　　　　　　　　　　　　　　　（b）

图 5-10　图形修剪过程

5.3　复制

5.3.1　定义

对象的复制主要是指已有部分图形，使用"复制"命令，将图中指定对象一次或多次复制到指定的位置，原对象位置不变。

5.3.2　方法

- 【命令行】：COPY（CP 或 CO）
- 【菜单栏】："修改"|"复制"
- 【工具面板】：⚙复制

5.3.3　方式

在 AutoCAD 中，用户可以通过执行"复制"命令，实现一个对象单个复制和一个对象多个复制的两种功能需求。

（1）一个对象单个复制

Step1　在命令行输入"CP"复制命令，回车或空格确认。

Step2　选择要复制的对象，回车或空格确认。

Step3　确定一个基点（也就是复制并移动物体时，光标所在的位置）。

Step4　确定目标点（也就是复制后的对象所要放置的位置）。

在此需要说明的是：AutoCAD 2017 版本在执行"复制"命令时，默认为多个复制的功能（见图 5-11），如果需要单个复制，可在选择复制对象后，根据命令行里的提示输入"O"，回车，在命令行提示信息里再输入"S"，即选择了"单个（S）"复制模式。

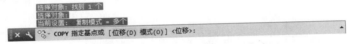

图 5-11　AutoCAD 2017 复制命令

（2）一个对象多个复制

Step1　在命令行输入"CP"复制命令，回车或空格确认。

Step2　选择要复制的对象，回车或空格确认。

Step3　根据命令行提示信息，查看当前复制模式设置是否是处于"多个"复制状态。如果是，就直接转到 Step4 操作；如果不是，就需要在选择复制图形对象后，在命令行里输入"M"，回车或空格确认。

Step4　确定一个基点（也就是复制并移动物体时，光标所在的位置）。

Step5　确定目标点（也就是复制后的对象所要放置的位置）。

在此需要说明的是：如 AutoCAD 2004 等低版本程序在执行复制命令时，有单个或多个复制的功能选项（见图 5-12），如果需要进行多个复制，则在执行"复制"命令过程中，根据提示进行选择"M"重复即可实现多个复制。

```
命令: cp COPY
选择对象: 找到 1 个
选择对象: 指定基点或位移, 或者 [重复(M)]:
```

图 5-12　AutoCAD 2004 复制命令

【例题 5-4】如图 5-13 所示，按要求先绘制出左图图形，并用"复制"命令将图 5-13（a）修改为图 5-13（b）所示图形。

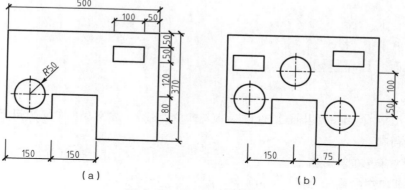

（a）　　　　　　　　　　（b）

图 5-13　"复制"命令例题

具体操作步骤如下：

```
命令: rec RECTANG
指定第一个角点或 [倒角(C)/标高(E)/圆角(F)/厚度(T)/宽度(W)]: from
基点: <偏移>: @-50,-50
指定另一个角点或 [面积(A)/尺寸(D)/旋转(R)]: @-100,-50

命令: c CIRCLE 指定圆的圆心或 [三点(3P)/两点(2P)/相切、相切、半径(T)]: _from 基点: <
偏移>: @75,80

指定圆的半径或 [直径(D)]: 50
命令: l LINE 指定第一点: from
基点: <偏移>: @-60,0
```

```
指定下一点或 [放弃(U)]: 120
指定下一点或 [放弃(U)]:
命令:

命令: l LINE 指定第一点: from 基点: <偏移>: @0,60
指定下一点或 [放弃(U)]: 120
指定下一点或 [放弃(U)]:

命令: cp COPY
选择对象: 指定对角点: 找到 3 个

选择对象:
指定基点或 [位移(D)] <位移>: 指定第二个点或 <使用第一个点作为位移>: from
基点: <偏移>:
>>输入 ORTHOMODE 的新值 <0>:
正在恢复执行 COPY 命令。
<偏移>: @150,100
指定第二个点或 [退出(E)/放弃(U)] <退出>: from 基点: <偏移>:
>>输入 ORTHOMODE 的新值 <0>:
正在恢复执行 COPY 命令。
<偏移>: @150,-150

指定第二个点或 [退出(E)/放弃(U)] <退出>:
命令: cp COPY
选择对象: 指定对角点: 找到 1 个

选择对象:
指定基点或 [位移(D)] <位移>: 指定第二个点或 <使用第一个点作为位移>:
指定第二个点或 [退出(E)/放弃(U)] <退出>:
```

5.4　镜像

5.4.1　定义

镜像在 AutoCAD 中也是一种复制的形式，可相对镜像线（或称之为对称轴）生成指定对象，原对象可以删除或保留，属于对称复制。

5.4.2　方法

- 【命令行】：MIRROR（MI）
- 【菜单栏】："修改" | "镜像"
- 【工具面板】：⚠ 镜像

5.4.3　方式

对于对称图形来说，用户只需绘制出图形的一半，另一半即可由"镜像"命令绘出来。操作时，先选择需要镜像的对象，然后再通过指定镜像线位置，即可生成图形的另外一半。

具体操作方式如下：

Step 1	输入 "MI"，回车或空格确认；
Step 2	选择要镜像的图形，回车或空格确认；
Step 3	确定镜像线（对称轴）的第一点；
Step 4	确定镜像线（对称轴）的第二点；
Step 5	在提示 "是否删除源对象？[是（Y）/否

（N）] <N>"命令行里，如果直接回车或空格确认，默认不删除源对象，则源对象不删除；如果输入 "Y"，则镜像的同时删除原来的图形。

【例题 5-5】按要求先绘制出直角梯形图形（见图 5-14），并用 "镜像" 命令将直角梯形沿镜像线 *BC* 进行镜像，不删除源对象。已知图 5-14 中 *A* 点坐标为 1000,2000。

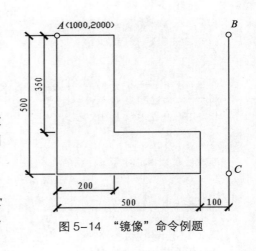

图 5-14　"镜像" 命令例题

具体操作步骤：

```
命令：l LINE 指定第一点：1000,2000
指定下一点或 [放弃(U)]：500
指定下一点或 [放弃(U)]：500
指定下一点或 [闭合(C)/放弃(U)]：150
指定下一点或 [闭合(C)/放弃(U)]：300
指定下一点或 [闭合(C)/放弃(U)]：350
指定下一点或 [闭合(C)/放弃(U)]：c
命令：l
LINE 指定第一点：
命令：mi MIRROR
选择对象：指定对角点：找到 6 个
选择对象： 指定镜像线的第一点：from
基点：<偏移>：@100,0
指定镜像线的第二点：
要删除源对象吗？[是(Y)/否(N)] <N>：
```

5.5　偏移

5.5.1　定义

在 AutoCAD 中，偏移是指以离原对象指定的距离或通过指定点创建新对象，是一种平行复制。可偏移复制直线、多段线、圆、椭圆、弧、多边形、曲线等，不能偏移点、图块、文本、属性等。在实际应用中，常利用 "偏移" 命令的特性创建平行线或等距离分布图形。

5.5.2　方法

- 【命令行】：OFFSET（O）
- 【菜单栏】："修改"｜"偏移"
- 【工具面板】：

5.5.3 方式

（1）按指定的偏移距离进行偏移

Step1 在命令行里输入"O"偏移命令，回车或空格确认；

Step2 在命令行里输入偏移距离，回车或空格确认；

Step3 在绘图区域通过单击，选择要偏移的对象；

Step4 选择好偏移对象后，命令行会提示"指定要偏移的那一侧上的点"，此时通过单击来确定相对偏移对象偏移一侧的点。

（2）按指定的点进行偏移

Step1 在命令行里输入"O"偏移命令，回车或空格确认；

Step2 在命令行里输入"T"（采用通过点方式偏移），回车或空格确认；

Step3 在绘图区域通过单击，选择要偏移的对象；

Step4 选择好偏移对象后，命令行会提示"指定通过点或 [退出（E）/多个（M）/放弃（U）]"，此时通过单击来确定对象偏移所要通过的点。

【例题 5-6】按要求利用"偏移"等命令绘制出如图 5-15 所示的花坛。

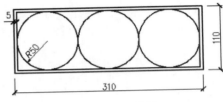

图 5-15 花坛

具体操作步骤如下：

```
命令：rec
RECTANG
指定第一个角点或 [倒角(C)/标高(E)/圆角(F)/厚度(T)/宽度(W)]：
指定另一个角点或 [面积(A)/尺寸(D)/旋转(R)]：@310,-110


命令：o
OFFSET
当前设置：删除源=否   图层=源   OFFSETGAPTYPE=0
指定偏移距离或 [通过(T)/删除(E)/图层(L)] <1.0000>：5
选择要偏移的对象，或 [退出(E)/放弃(U)] <退出>：
指定要偏移的那一侧上的点，或 [退出(E)/多个(M)/放弃(U)] <退出>：
选择要偏移的对象，或 [退出(E)/放弃(U)] <退出>：
命令：c CIRCLE 指定圆的圆心或 [三点(3P)/两点(2P)/相切、相切、半径(T)]：t
指定对象与圆的第一个切点：
指定对象与圆的第二个切点：
指定圆的半径：50


命令：co COPY
选择对象：找到 1 个
选择对象：
指定基点或 [位移(D)] <位移>：  指定第二个点或 <使用第一个点作为位移>：100
指定第二个点或 [退出(E)/放弃(U)] <退出>：  200
指定第二个点或 [退出(E)/放弃(U)] <退出>：
```

【例题 5-7】按要求利用"偏移"等命令绘制出图 5-16 所示的马桶。

具体操作步骤如下：

```
命令: rec RECTANG
指定第一个角点或 [倒角(C)/标高(E)/圆角(F)/厚度(T)/宽度(W)]: f
指定矩形的圆角半径 <0.0000>: 30
指定第一个角点或 [倒角(C)/标高(E)/圆角(F)/厚度(T)/宽度(W)]:
指定另一个角点或 [面积(A)/尺寸(D)/旋转(R)]: @440,-180

命令: o
OFFSET
当前设置: 删除源=否  图层=源  OFFSETGAPTYPE=0
指定偏移距离或 [通过(T)/删除(E)/图层(L)] <通过>:  30
选择要偏移的对象, 或 [退出(E)/放弃(U)] <退出>:
指定要偏移的那一侧上的点, 或 [退出(E)/多个(M)/放弃(U)] <退出>:
选择要偏移的对象, 或 [退出(E)/放弃(U)] <退出>:

命令: rec RECTANG
当前矩形模式:  圆角=30.0000
指定第一个角点或 [倒角(C)/标高(E)/圆角(F)/厚度(T)/宽度(W)]: f
指定矩形的圆角半径 <30.0000>: 0
指定第一个角点或 [倒角(C)/标高(E)/圆角(F)/厚度(T)/宽度(W)]: from 基点: <偏移>:
@100,0
指定另一个角点或 [面积(A)/尺寸(D)/旋转(R)]: @240,-50

命令: el ELLIPSE
指定椭圆的轴端点或 [圆弧(A)/中心点(C)]: c
指定椭圆的中心点: from
基点: <偏移>: @0,-200
指定轴的端点: 250
指定另一条半轴长度或 [旋转(R)]: 200

命令: o OFFSET
当前设置: 删除源=否   图层=源  OFFSETGAPTYPE=0
指定偏移距离或 [通过(T)/删除(E)/图层(L)] <30.0000>:  20
选择要偏移的对象, 或 [退出(E)/放弃(U)] <退出>:
指定要偏移的那一侧上的点, 或 [退出(E)/多个(M)/放弃(U)] <退出>:
选择要偏移的对象, 或 [退出(E)/放弃(U)] <退出>:

命令: tr TRIM
当前设置:投影=UCS, 边=无
选择剪切边...
选择对象或 <全部选择>:
选择要修剪的对象, 或按住 Shift 键选择要延伸的对象, 或
[栏选(F)/窗交(C)/投影(P)/边(E)/删除(R)/放弃(U)]:
```

选择要修剪的对象，或按住 Shift 键选择要延伸的对象，或
[栏选(F)/窗交(C)/投影(P)/边(E)/删除(R)/放弃(U)]:
选择要修剪的对象，或按住 Shift 键选择要延伸的对象，或
[栏选(F)/窗交(C)/投影(P)/边(E)/删除(R)/放弃(U)]:
选择要修剪的对象，或按住 Shift 键选择要延伸的对象，或
[栏选(F)/窗交(C)/投影(P)/边(E)/删除(R)/放弃(U)]:

【例题 5-8】按要求利用"偏移"等命令绘制出图 5-17 所示的扬声器。

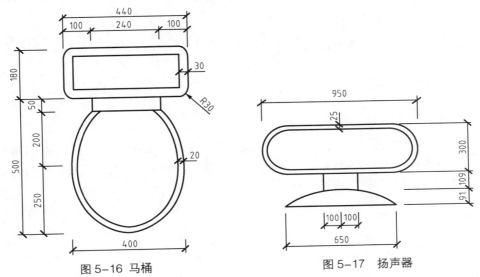

图 5-16　马桶　　　　　　　　　图 5-17　扬声器

具体操作步骤如下：

命令: rec RECTANG
指定第一个角点或 [倒角(C)/标高(E)/圆角(F)/厚度(T)/宽度(W)]: f
指定矩形的圆角半径 <0.0000>: 150
指定第一个角点或 [倒角(C)/标高(E)/圆角(F)/厚度(T)/宽度(W)]:
指定另一个角点或 [面积(A)/尺寸(D)/旋转(R)]: @950,-300

命令: o OFFSET
当前设置: 删除源=否　图层=源　OFFSETGAPTYPE=0
指定偏移距离或 [通过(T)/删除(E)/图层(L)] <1.0000>: 25
选择要偏移的对象，或 [退出(E)/放弃(U)] <退出>:
指定要偏移的那一侧上的点，或 [退出(E)/多个(M)/放弃(U)] <退出>:
选择要偏移的对象，或 [退出(E)/放弃(U)] <退出>:

命令: ml MLINE
当前设置: 对正 = 上，比例 = 20.00，样式 = STANDARD
指定起点或 [对正(J)/比例(S)/样式(ST)]: j
输入对正类型 [上(T)/无(Z)/下(B)] <上>: z
当前设置: 对正 = 无，比例 = 20.00，样式 = STANDARD
指定起点或 [对正(J)/比例(S)/样式(ST)]: s

```
输入多线比例 <20.00>: 200
当前设置: 对正 = 无, 比例 = 200.00, 样式 = STANDARD
指定起点或 [对正(J)/比例(S)/样式(ST)]:
指定下一点: 109
指定下一点或 [放弃(U)]:

命令: l LINE 指定第一点: from 基点: <偏移>: @0,-200
指定下一点或 [放弃(U)]: 650
指定下一点或 [放弃(U)]:

命令: a ARC 指定圆弧的起点或 [圆心(C)]:
指定圆弧的第二个点或 [圆心(C)/端点(E)]:
指定圆弧的端点:
```

5.6 阵列

5.6.1 定义

几何元素的均布是作图中经常会遇到的情况。在 AutoCAD 2017 中，阵列是指按矩阵或环形方式或路径阵列排列对象的多重复制，也是属于复制的一种形式。在绘制均布特征时，阵列可分为矩形阵列、环形阵列和路径阵列三种。

5.6.2 方法

- 【命令行】: ARRAY（AR）
- 【菜单栏】: "修改" | "阵列"
- 【工具面板】: 阵列

5.6.3 方式

（1）矩形阵列

矩形阵列是指将对象按给定的行数、列数、行间距、列间距和层数复制图形。操作时，一般会告知具体的阵列的行数、列数、行间距、列间距及层数等。

Step1. 在命令行里输入"AR"阵列命令，回车或空格确认，在命令行里提示"选择对象:"信息。

Step2. 在绘图区域内选择所要阵列的对象后，回车或空格确认，在命令行里提示"选择对象: 输入阵列类型 [矩形（R）/路径（PA）/极轴（PO）]<极轴>:"信息，如图 5-18 所示。

ARRAY 选择对象: 输入阵列类型 [矩形(R) 路径(PA) 极轴(PO)] <极轴>:

图 5-18 "阵列类型"信息提示窗口

Step3. 在命令行输入"R"，回车或空格确认后，绘图区内会呈现默认的阵列效果，同时命令行里提示"选择夹点以编辑阵列或 [关联（AS）/基点（B）/计数（COU）/间距（S）/列数（COL）/行数（R）/层数（L）/退出（X）]<退出>:"信息，如图 5-19 所示。

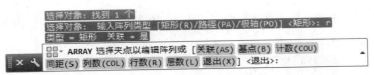

图 5-19　"矩形阵列"信息提示窗口

而在 AutoCAD 2017 版本中，在命令行里输入阵列类型，回车或空格确认后，功能区也会出现该类型"阵列创建"选项卡及其面板设置对话框，用户也可以在此进行相关参数的设定，如图 5-20 所示。

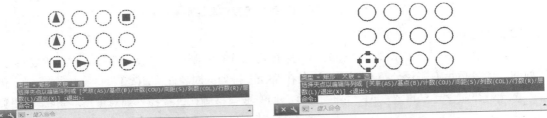

图 5-20　"阵列创建"选项卡及其面板

关于此步骤中提示信息中的主要命令选项作如下说明：

- "关联（AS）"：如图 5-19 所示，AutoCAD 2017 版本在阵列过程中是默认创建关联阵列的，所谓关联阵列所表现出来的形态就是阵列后的图形（含源图形）成一个整体的对象，如图 5-21 所示。若用户阵列后想要达到以往低版本的阵列效果（即阵列后的图形都是个体独立的），在命令行输入"AS"进行"N（否）"的设置即可，如图 5-22 所示。

图 5-21　创建"关联阵列"后图形效果　　　图 5-22　创建"非关联阵列"后图形效果

- "基点（B）"：指通过夹点操作的方式，对创建关联阵列后的图形进行移动的基准点。
- 计数（COU）"：可以通过选择"计数"选项操作来实现阵列中的列数和行数参数的设置。
- "层数（L）"：该选项设置主要用于三维图形的阵列，即在坐标系的 Z 轴方向的阵列数。

Step4.　在 Step3 的命令行先后输入"COL"、"R"和"S"进行阵列的间距、列数、行数等参数的设置，设置好相应参数后，空格或回车确认即可完成矩形阵列。

（2）极轴阵列

使用"阵列"命令即可创建矩形阵列，也可以创建极轴阵列（即环形阵列）。极轴阵列是指把对象绕阵列中心等角度沿圆周均匀分布复制图形，决定环形阵列的主要参数有阵列中心点、阵列个数及阵列角度等。

Step 1　在命令行里输入"AR"阵列命令，回车或空格确认，选择阵列对象后，再按回车或空格确认，命令行提示"选择对象：输入阵列类型 [矩形（R）/路径（PA）/极轴（PO）] <极轴>:"信息，如图 5-18 所示。

Step 2　在"阵列类型"信息提示窗口里输入"PO"，按空格或回车，即可进入到极轴阵列的设置，如图 5-23 所示。

图 5-23　"极轴阵列"设置信息提示窗口

Step 3　按照极轴阵列的要求，指定阵列中心点、项目总数和项目填充角度等参数后，回车或空格确认，即可完成极轴阵列，如图 5-24 所示。

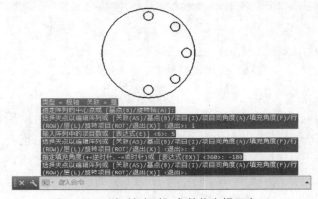

图 5-24　"极轴阵列"参数信息提示窗口

（3）路径阵列

路径阵列是指把对象沿整个路径或部分路径均匀分布复制图形，决定路径阵列的主要参数有阵列的路径、指定沿路径分布对象的方法及在路径上排列的对象之间距离等。

首先，在命令行里输入"AR"阵列命令，回车或空格确认，选择阵列对象后，再按回车或空格确认，命令行提示"选择对象：　输入阵列类型 [矩形(R)/路径(PA)/极轴(PO)] <极轴>:"信息，此时在命令行中输入"PA"，按空格或回车，即可进入到提示选择路径曲线的操作步骤，如图 5-25 所示。在选择路径曲线后，命令行又出现如图 5-26 所示的提示信息。

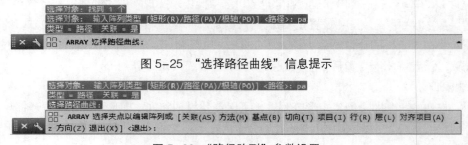

图 5-25　"选择路径曲线"信息提示

图 5-26　"路径阵列"参数设置

其次，在命令行里输入"M"，回车或空格确认，进一步选择路径阵列的方法，如图 5-27 所示。在此，选择"定数等分"方法为例，故紧接着在命令行里输入"D"，回车或空格确认，此时在命令行里输入"I"进入项目数的确定。

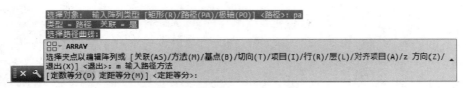

图 5-27　"选择路径方法"信息提示

最后，在命令行提示的输入项目数中输入"20"，按两下回车或空格即可完成图 5-28 所示路径阵列。

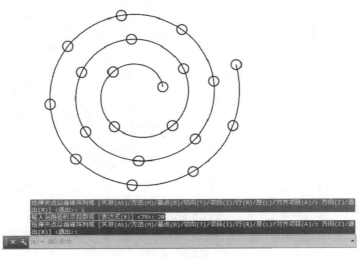

图 5-28　"路径阵列"示意图

【例题 5-9】按要求利用"阵列"等命令绘制出图 5-29 所示的图形。

具体操作步骤如下：

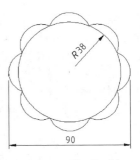

图 5-29　"阵列"例图

命令：c CIRCLE 指定圆的圆心或 [三点(3P)/两点(2P)/相切、相切、半径(T)]：

指定圆的半径或 [直径(D)]：38

命令：pol POLYGON 输入边的数目 <4>：8
指定正多边形的中心点或 [边(E)]：
输入选项 [内接于圆(I)/外切于圆(C)] <I>：
指定圆的半径：38

命令：l LINE 指定第一点：
指定下一点或 [放弃(U)]：45
指定下一点或 [放弃(U)]：

命令：a ARC 指定圆弧的起点或 [圆心(C)]：
指定圆弧的第二个点或 [圆心(C)/端点(E)]：
指定圆弧的端点：

127

命令：ar ARRAY
指定阵列中心点：
选择对象：找到 1 个

命令：e ERASE 找到 2 个

【例题 5-10】按要求利用"阵列"、"修剪"、"图案填充"等命令绘制出图 5-30 所示的图形。
具体操作步骤如下：

Step 1　先绘制 5 个同心圆（R=40，R=70，R=90，R=110，R=120），如图 5-31 所示。

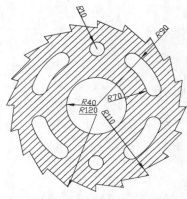

图 5-30 "齿轮"图形

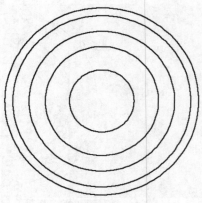

图 5-31 "齿轮"绘图 Step1

命令：C CIRCLE 指定圆的圆心或 [三点(3P)/两点(2P)/相切、相切、半径(T)]：
指定圆的半径或 [直径(D)]：40

命令：O
OFFSET
当前设置：删除源=否　图层=源　OFFSETGAPTYPE=0
指定偏移距离或 [通过(T)/删除(E)/图层(L)] <1.0000>：30
选择要偏移的对象，或 [退出(E)/放弃(U)] <退出>：
指定要偏移的那一侧上的点，或 [退出(E)/多个(M)/放弃(U)] <退出>：
选择要偏移的对象，或 [退出(E)/放弃(U)] <退出>：

命令：OFFSET
当前设置：删除源=否　图层=源　OFFSETGAPTYPE=0
指定偏移距离或 [通过(T)/删除(E)/图层(L)] <30.0000>：20
选择要偏移的对象，或 [退出(E)/放弃(U)] <退出>：
指定要偏移的那一侧上的点，或 [退出(E)/多个(M)/放弃(U)] <退出>：
选择要偏移的对象，或 [退出(E)/放弃(U)] <退出>：

命令：OFFSET
当前设置：删除源=否　图层=源　OFFSETGAPTYPE=0
指定偏移距离或 [通过(T)/删除(E)/图层(L)] <20.0000>：
选择要偏移的对象，或 [退出(E)/放弃(U)] <退出>：

指定要偏移的那一侧上的点，或 [退出(E)/多个(M)/放弃(U)] <退出>：
选择要偏移的对象，或 [退出(E)/放弃(U)] <退出>：

命令：OFFSET
当前设置：删除源=否 图层=源 OFFSETGAPTYPE=0
指定偏移距离或 [通过(T)/删除(E)/图层(L)] <20.0000>：10
选择要偏移的对象，或 [退出(E)/放弃(U)] <退出>：
指定要偏移的那一侧上的点，或 [退出(E)/多个(M)/放弃(U)] <退出>：
选择要偏移的对象，或 [退出(E)/放弃(U)] <退出>：

Step 2 如过圆心"1"向上做垂直线，交于 $R=120$ 圆上"点 2"，并将"点 1 到点 2 线段"进行阵列，以"点 1"为阵列中心点，阵列总数 20 个，阵列填充角度 360°。阵列完成后，将"点 2"和"点 3"线段连接起来，再对"点 1 到点 2 线段"进行阵列，以"点 1"为阵列中心点，阵列总数 20 个，阵列填充角度 360°，如图 5-32 所示。

命令：l LINE 指定第一点：
指定下一点或 [放弃(U)]：
指定下一点或 [放弃(U)]：
命令：ar ARRAY
指定阵列中心点：
选择对象：找到 1 个

选择对象：
命令：l LINE 指定第一点：
指定下一点或 [放弃(U)]：
指定下一点或 [放弃(U)]：
命令：ar ARRAY
指定阵列中心点：
选择对象：找到 1 个
选择对象：

Step 3 删除 $R=120$、$R=110$ 圆，并修剪多余的线条。修剪后，以点 4 和点 5 为直线两端点画圆 $R=10$，并将所画的圆 $R=10$ 进行阵列，以"点 1"为阵列中心点，阵列总数 10 个，阵列填充角度 360°，如图 5-33 所示。

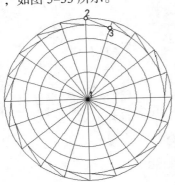

图 5-32 "齿轮"绘图 Step2

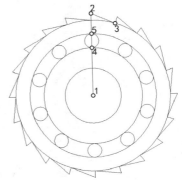

图 5-33 "齿轮"绘图 Step3

```
命令: e ERASE
选择对象: 找到 1 个
选择对象:

命令: tr TRIM
当前设置:投影=UCS，边=无
选择剪切边...
选择对象或 <全部选择>: 找到 1 个
选择对象:
选择要修剪的对象，或按住 Shift 键选择要延伸的对象，或
[栏选(F)/窗交(C)/投影(P)/边(E)/删除(R)/放弃(U)]: f
指定第一个栏选点:
指定下一个栏选点或 [放弃(U)]:
指定下一个栏选点或 [放弃(U)]:
指定下一个栏选点或 [放弃(U)]:
指定下一个栏选点或 [放弃(U)]:
指定下一个栏选点或 [放弃(U)]:
指定下一个栏选点或 [放弃(U)]:
指定下一个栏选点或 [放弃(U)]:
选择要修剪的对象，或按住 Shift 键选择要延伸的对象，或
[栏选(F)/窗交(C)/投影(P)/边(E)/删除(R)/放弃(U)]:

命令: ar ARRAY
指定阵列中心点:
选择对象: 找到 1 个
选择对象:
```

Step 4　进行修剪，并删除 $R=110$ 的圆，如图 5-34 所示。
此步骤的操作过程省略。

Step 5　选择填充图案为"ANSI31"进行填充，完成齿轮图形。该步骤填充时，注意孤岛检测样式的选择和边界的选择样式。具体填充设置操作如图 5-35 所示。

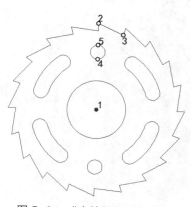

图 5-34　"齿轮"绘图第 4 步

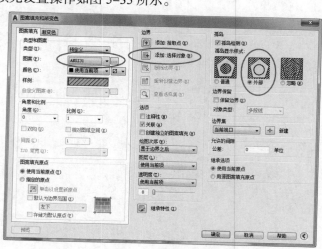

图 5-35　"齿轮"绘图第 5 步

```
命令: h HATCH
选择对象或 [拾取内部点(K)/删除边界(B)]: 指定对角点: 找到 71 个
选择对象或 [拾取内部点(K)/删除边界(B)]:
```

【例题 5-11】利用"阵列"和"修剪"等命令绘制图 5-36 所示的图形。

绘图思路:

Step 1　先画一个 $D=35$ 的圆,并将所绘制的圆以圆的最下象限点"3"为中心点进行环形阵列,阵列项目总数为 8 个,填充角度为 360°,阵列后的图形如图 5-37 所示;

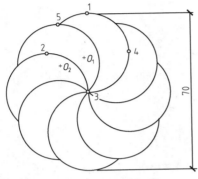

图 5-36　"阵列"例图

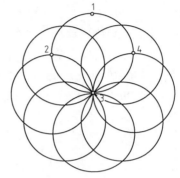

图 5-37　将 $D=35$ 圆阵列后的图形

Step 2　将阵列后的图形进行选择对象方式的修剪。

在命令行里输入"TR"修剪命令,回车,选择圆 O_2 作为剪切边(见图 5-34 所示左图),回车,单击所要修剪的圆弧 523,即可得到圆弧 143。其他圆弧的操作同样按照此操作方法,最终得到如图 5-38 所示的右图图形。

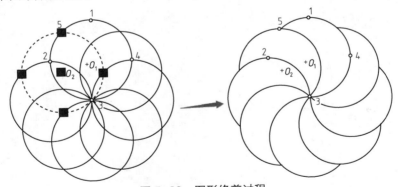

图 5-38　图形修剪过程

5.7　移动

5.7.1　定义

移动对象是指对象的重定位,即将图形中选定的对象从某一位置移到新的位置。

5.7.2 方法

- 【命令行】：MOVE（M）
- 【菜单栏】："修改"|"移动"
- 【工具面板】：移动

5.7.3 方式

（1）在命令行里输入"M"，回车或空格确认；

（2）选择要移动的对象，回车或空格确认；

（3）在绘图区域里确定移动的基点；

（4）在绘图区域里再确定第二点，即移动的目标点。

【例题 5-12】利用"移动"命令将图 5-29 所示图形中的圆（R=38）以其圆心为基点移动至相对于原圆心坐标（30,40）位置处，移动后的图形如图 5-39 所示。

具体操作步骤如下：

```
命令：m MOVE
选择对象：找到 1 个
选择对象：
指定基点或 [位移(D)] <位移>： 指定第二个点或 <使用第一个点作为位移>：@100,37
命令：
```

> 💡 **注意**：在命令行输入"M"命令，回车，命令行出现"指定基点或[位移]<位移>"信息提示下，如果单击或以键盘输入形式给出了基点坐标，命令行将显示"指定第二点或 <使用第一个点作位移>:"提示；如果不通过单击或以键盘输入指定基点位置，直接按回车，那么所给出的基点坐标值就作为偏移量，即将该点作为原点（0,0），然后将图形相对于该点移动由基点设定的偏移量，如图 5-40 所示。

图 5-39 "移动"例图

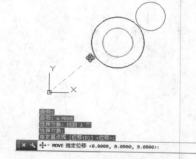

图 5-40 不指定基点而直接回车的"移动"效果

5.8 旋转

5.8.1 定义

把选择的图形旋转指定的角度，也可以用参考方式，把要旋转的图形旋转成与另一个图形平行。

5.8.2 方法

- 【命令行】：ROTATE（RO）
- 【菜单栏】："修改"|"旋转"
- 【工具面板】：○旋转

5.8.3 方式

通过输入角度进行旋转：

在命令行里输入"RO"，回车或空格，从命令行显示的"UCS 当前的正角方向：ANGDIR= 逆时针 ANGBASE=0"提示信息中，可以了解到当前的正角度方向（如逆时针方向），零角度方向与 X 轴正方向的夹角（如 0°）。

选择要旋转的对象(可以依次选择多个对象)，并指定旋转的基点，命令行将显示"指定旋转角度或 [复制（C）参照（R)]<O>"提示信息。如果直接输入角度值，则可以将对象绕基点转动该角度，角度为正时逆时针旋转，角度为负时顺时针旋转。

如果用户开启了极轴，并在极轴中设置了增量角，那么用户在将对象手动旋转过程中靠近满足条件角度时，CAD 就会自动获取显示一条虚线（极轴），光标被锁定到极轴上，此时直接单击就可以到所需旋转的位置了。

通过参照进行旋转：在命令行里输入"RO"，回车或空格。

选择要旋转的对象，回车或空格。

在命令行里提示"指定基点"信息后，通过单击指定旋转的基点。此时，在命令行将显示"指定旋转角度或 [复制（C）参照（R）]<O>"提示信息，输入参照"R"，回车。

在命令行提示"指定参照角<0>"信息，选取旋转对象上的任意两个点分别作为参照角的第一点和第二点。此时命令行将提示"指定新角度或[点（P）]<0>"，即给选中旋转对象指定新的角度，也就是选择参照，则选择所要参照线上的任意一点即可。

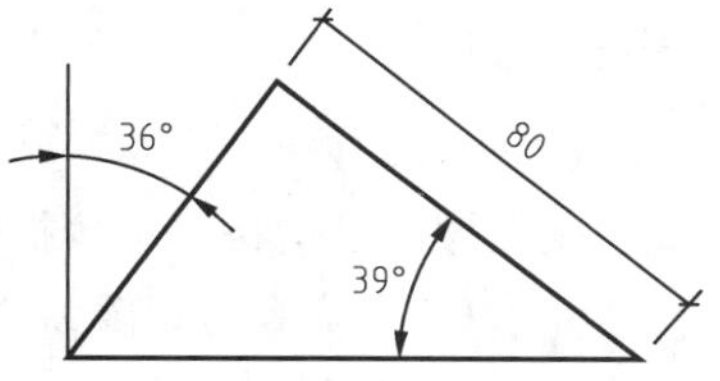

【例题 5-13】利用"旋转"命令绘制图 5-41 所示的图形。

具体操作步骤如下：

图 5-41 "旋转"例图

```
命令：l LINE 指定第一点：
指定下一点或 [放弃(U)]：80
指定下一点或 [放弃(U)]：
命令：

命令：ro ROTATE
UCS 当前的正角方向：ANGDIR=逆时针  ANGBASE=0
选择对象：找到 1 个
选择对象：
指定基点：
指定旋转角度，或 [复制(C)/参照(R)] <0>：c 旋转一组选定对象。
指定旋转角度，或 [复制(C)/参照(R)] <0>：-39
```

```
命令：l LINE 指定第一点：
指定下一点或 [放弃(U)]：
指定下一点或 [放弃(U)]：

命令：ro ROTATE
UCS 当前的正角方向：  ANGDIR=逆时针  ANGBASE=0
选择对象：找到 1 个
选择对象：
指定基点：
指定旋转角度，或 [复制(C)/参照(R)] <321>：  -36
命令：
```

5.9　缩放

5.9.1　定义

这里所指的缩放是放大或缩小选定的图形，是图形的真实尺寸的放大与缩小。在 AutoCAD 中，"ZOOM"命令是图形相对于屏幕的放大与缩小，图形的真实尺寸不变。

5.9.2　方法

- 【命令行】：SCALE（SC）
- 【菜单栏】："修改"|"缩放"
- 【工具面板】：□缩放

5.9.3　方式

（1）一般缩放

一般缩放是指将对象按指定的比例因子相对于基点进行尺寸缩放的一种方式。其步骤为：

Step 1	在命令行里输入"SC"，回车；
Step 2	选择要放缩的对象，回车；
Step 3	确定放缩的基点；
Step 4	输入放缩的比例因子。

（2）参考缩放

参考缩放是指当用户无法对图形按精确的比例因子进行尺寸缩放而采用参考缩放的一种方式，这种方式的特点是需要依次输入参照长度值和新的长度值。其步骤为：

Step 1	在命令行里输入"SC"，回车；
Step 2	选择要放缩的对象，回车；
Step 3	输入"R"，回车；
Step 4	指定参考长度<1>；

即：选择缩放对象上的某一条边的两端点（该条边的新长度已知）；

| Step 5 | 指定新长度，回车。 |

【例题 5-14】利用"参考缩放"命令把如图 5-42 所示的左图缩放至右图尺寸。

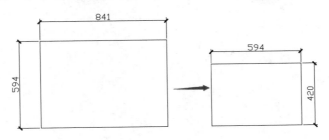

图 5-42　"缩放"矩形例图

具体操作步骤：

```
命令：rec RECTANG
指定第一个角点或 [倒角(C)/标高(E)/圆角(F)/厚度(T)/宽度(W)]：
指定另一个角点或 [面积(A)/尺寸(D)/旋转(R)]：@841,-594

命令：sc SCALE
选择对象：找到 1 个

选择对象：
指定基点：
指定比例因子或 [复制(C)/参照(R)] <1.0000>：r
指定参照长度 <1.0000>：指定第二点：
指定新的长度或 [点(P)] <1.0000>：594
命令：
```

【例题 5-15】绘制图 5-43 所示的"花瓣"。

绘图思路：

　Step 1　绘制一任意正七边形，例如其内接于圆 R=50（见图 5-44）；

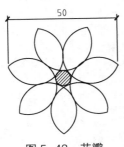

图 5-43　花瓣

图 5-44　绘制花瓣第一步

　Step 2　作辅助线：过内接圆圆心作垂线（见图 5-45）；

　Step 3　用"圆"命令过正多边形的一边两端点（捕捉）和与垂线相切的切点三点画圆（见图 5-46）；

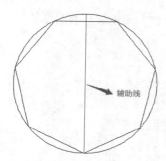

图5-45 绘制花瓣第二步

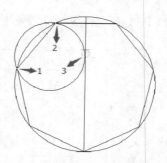

图5-46 绘制花瓣第三步

Step 4 用"修剪"、"删除"、"阵列"等命令，进一步完善图形（见图5-47）；

Step 5 画中心圆，并对中心圆进行填充（见图5-48）；

Step 6 用"缩放"命令中的参考缩放方式，将所画图形缩放至指定尺寸要求，并删除大圆（见图5-49）。

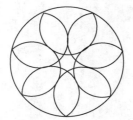

图5-47 绘制花瓣第四步

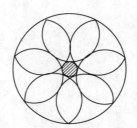

图5-48 绘制花瓣第五步

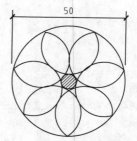

图5-49 绘制花瓣第六步

具体操作步骤：

```
命令：c CIRCLE 指定圆的圆心或 [三点(3P)/两点(2P)/相切、相切、半径(T)]：
指定圆的半径或 [直径(D)]：50
命令：pol POLYGON 输入边的数目 <4>：7
指定正多边形的中心点或 [边(E)]：
输入选项 [内接于圆(I)/外切于圆(C)] <I>：
指定圆的半径：

命令：l LINE 指定第一点：
指定下一点或 [放弃(U)]：
指定下一点或 [放弃(U)]：

命令：c CIRCLE 指定圆的圆心或 [三点(3P)/两点(2P)/相切、相切、半径(T)]：3p
指定圆上的第一个点：
指定圆上的第二个点：
指定圆上的第三个点：tan
到

命令：tr
```

```
TRIM
当前设置:投影=UCS，边=无
选择剪切边...
选择对象或 <全部选择>:

选择要修剪的对象，或按住 Shift 键选择要延伸的对象，或
[栏选(F)/窗交(C)/投影(P)/边(E)/删除(R)/放弃(U)]:
选择要修剪的对象，或按住 Shift 键选择要延伸的对象，或
[栏选(F)/窗交(C)/投影(P)/边(E)/删除(R)/放弃(U)]:
命令:

命令: ar ARRAY 找到 1 个
指定阵列中心点:
选择对象: 找到 1 个

选择对象:
命令: c CIRCLE 指定圆的圆心或 [三点(3P)/两点(2P)/相切、相切、半径(T)]:
指定圆的半径或 [直径(D)] <25.1983>:

命令: sc
SCALE
选择对象: 指定对角点: 找到 11 个
选择对象:
指定基点:
指定比例因子或 [复制(C)/参照(R)] <1.0000>:r
指定参照长度 <1.0000>: 指定第二点:
指定新的长度或 [点(P)] <1.0000>: 50
命令:

命令: e ERASE 找到 3 个
命令:

命令: h HATCH
拾取内部点或 [选择对象(S)/删除边界(B)]: 正在选择所有对象...
正在选择所有可见对象...
正在分析所选数据...
正在分析内部孤岛...
拾取内部点或 [选择对象(S)/删除边界(B)]:
```

5.10　拉伸

5.10.1　定义

在 AutoCAD 绘图中，使用拉伸命令可以改变图形的外观。

5.10.2　方法

- 【命令行】：STRETCH（S）
- 【菜单栏】："修改"｜"拉伸"
- 【工具面板】： 拉伸

5.10.3　方式

在 AutoCAD 2017 中，拉伸命令的具体操作方式如下：

（1）在命令行里输入"S"拉伸命令，回车或空格确认；

（2）交叉框选需要改变的位置，即在要被拉伸的图形元素右上角或右下角单击一点，然后向左拖动鼠标光标，此时出现一个虚线矩形框，使该矩形框与要拉伸的边相交，再单击一点，如图 5-50 所示；

（3）右击或按空格或回车确认；

（4）指定基点；

（5）指定第二个点或输入拉伸距离进行拉伸。

【例题 5-16】利用"矩形"、"拉伸"等命令，将如图 5-51 所示图形沿短边进行拉伸 100，形成正方形图形。

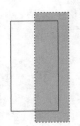

图 5-50　交叉框选所要拉伸的对象

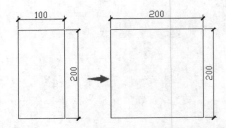

图 5-51　利用"矩形"和"拉伸"命令例图

具体操作步骤如下：

```
命令：rec RECTANG
指定第一个角点或 [倒角(C)/标高(E)/圆角(F)/厚度(T)/宽度(W)]：
指定另一个角点或 [面积(A)/尺寸(D)/旋转(R)]：
>>输入 ORTHOMODE 的新值 <0>：
正在恢复执行 RECTANG 命令。
指定另一个角点或 [面积(A)/尺寸(D)/旋转(R)]：@100,-200

命令：s STRETCH
以交叉窗口或交叉多边形选择要拉伸的对象...
选择对象：指定对角点：找到 1 个
选择对象：
指定基点或 [位移(D)] <位移>：
指定第二个点或 <使用第一个点作为位移>：200
```

【例题 5-17】绘制如图 5-52（a）所示的橱柜侧视图，并利用"拉伸"命令将橱柜侧视图修改成橱柜正视图，如图 5-52（a）所示。

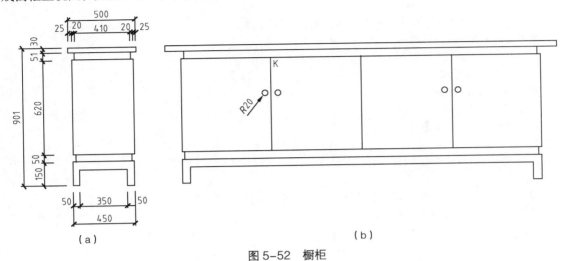

图 5-52　橱柜

具体操作步骤如下：

Step 1　先后分别绘制橱柜侧视图上端的小矩形、上端直线、大矩形、下端直线和底部直线，以得到图 5-52（a）所示图形（橱柜侧视图）。

```
命令: rec RECTANG
指定第一个角点或 [倒角(C)/标高(E)/圆角(F)/厚度(T)/宽度(W)]:
指定另一个角点或 [面积(A)/尺寸(D)/旋转(R)]: @500,-30

命令: l
LINE 指定第一点: from
基点: <偏移>: @45,0
指定下一点或 [放弃(U)]: 51
指定下一点或 [放弃(U)]:
命令:
命令: mi MIRROR
选择对象: 指定对角点: 找到 1 个
选择对象: 指定镜像线的第一点: 指定镜像线的第二点:
要删除源对象吗? [是(Y)/否(N)] <N>:

命令: rec RECTANG
指定第一个角点或 [倒角(C)/标高(E)/圆角(F)/厚度(T)/宽度(W)]: from
基点: <偏移>: @-20,0
指定另一个角点或 [面积(A)/尺寸(D)/旋转(R)]: @450,-620

命令: l LINE 指定第一点:
指定下一点或 [放弃(U)]: 50
指定下一点或 [放弃(U)]:
```

```
命令：mi MIRROR
选择对象：指定对角点：找到 1 个
选择对象： 指定镜像线的第一点：指定镜像线的第二点：
要删除源对象吗？[是(Y)/否(N)] <N>：

命令：l LINE 指定第一点：
指定下一点或 [放弃(U)]：150
指定下一点或 [放弃(U)]：50
指定下一点或 [放弃(U)]：100
指定下一点或 [闭合(C)/放弃(U)]：350
指定下一点或 [闭合(C)/放弃(U)]：100
指定下一点或 [闭合(C)/放弃(U)]：50
指定下一点或 [闭合(C)/放弃(U)]：150
指定下一点或 [闭合(C)/放弃(U)]：
```

Step 2　拉伸橱柜侧立面，沿基点水平向右输入 1850，如图 5-53 所示。

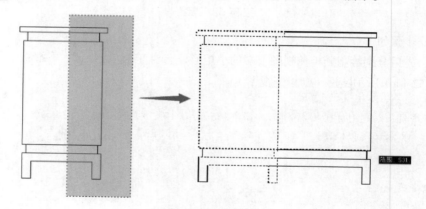

图 5-53　橱柜侧立面拉伸过程

```
命令：s STRETCH
以交叉窗口或交叉多边形选择要拉伸的对象...
选择对象：指定对角点：找到 9 个
选择对象：
指定基点或 [位移(D)] <位移>：
指定第二个点或 <使用第一个点作为位移>：1850
```

Step 3　拉伸橱柜的左上角及右上角，分别沿基点水平向左和向右输入 75，如图 5-54 所示。

```
命令：s STRETCH
以交叉窗口或交叉多边形选择要拉伸的对象...
选择对象：指定对角点：找到 1 个
选择对象：
指定基点或 [位移(D)] <位移>：
指定第二个点或 <使用第一个点作为位移>：75
```

命令: s STRETCH
以交叉窗口或交叉多边形选择要拉伸的对象...
选择对象: 指定对角点: 找到 1 个
选择对象:
指定基点或 [位移(D)] <位移>:
指定第二个点或 <使用第一个点作为位移>: 75

Step 4　绘制橱柜立面上的直线部分, 再偏移, 如图 5-55 所示。

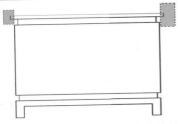
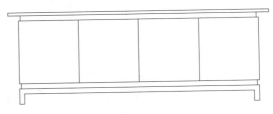

图 5-54　橱柜立面左右上角拉伸　　　　　图 5-55　橱柜立面画直线

命令: l LINE 指定第一点:
指定下一点或 [放弃(U)]:
指定下一点或 [放弃(U)]:

命令: o OFFSET
当前设置: 删除源=否　图层=源　OFFSETGAPTYPE=0
指定偏移距离或 [通过(T)/删除(E)/图层(L)] <通过>: 575
选择要偏移的对象, 或 [退出(E)/放弃(U)] <退出>:
指定要偏移的那一侧上的点, 或 [退出(E)/多个(M)/放弃(U)] <退出>:
选择要偏移的对象, 或 [退出(E)/放弃(U)] <退出>:
指定要偏移的那一侧上的点, 或 [退出(E)/多个(M)/放弃(U)] <退出>:
选择要偏移的对象, 或 [退出(E)/放弃(U)] <退出>:

Step 5　绘制橱柜立面上的把手部分, 运用对象追踪, 偏移, 再镜像, 即可最终绘制完成, 如图 5-56 所示。

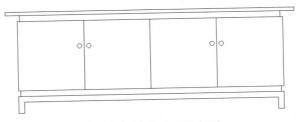

图 5-56　橱柜立面画把手

5.11　延伸

5.11.1　定义

在 AutoCAD 绘图中, 使用"延伸"命令可以把选择的对象延伸到指定的边界。

5.11.2　方法

- 【命令行】：EXTEND（EX）
- 【菜单栏】："修改" | "延伸"
- 【工具面板】：一/延伸▼

5.11.3　方式

在 AutoCAD 2017 中，延伸命令的具体操作方式如下：

（1）在命令行里输入 "EX" 延伸命令；

（2）选择要延伸到的边界，回车；

（3）选择要延伸的图形。

值得注意的是，"延伸" 命令的使用方法和 "修剪" 命令的使用方法相似，不同之处在于：使用 "延伸" 命令时，如果在按下【Shift】键的同时选择对象，则执行修剪命令；使用修剪命令时，如果在按下【Shift】键的同时选择对象，则执行延伸命令。

【例题 5-18】绘制图 5-57 所示图形，并利用 "延伸" 命令将图形中的中心线向外延迟超过轮廓线 10。

具体操作步骤如下：

Step 1　通过创建图层（中心线和轮廓线），画 R=100 圆和画两条中心线，先绘制图 5-57 所示的图形。

```
命令：la
LAYER
命令：c CIRCLE 指定圆的圆心或 [三点(3P)/两点(2P)/相切、相切、半径(T)]：
指定圆的半径或 [直径(D)] <100.0000>：100
命令：l LINE 指定第一点：
指定下一点或 [放弃(U)]：
指定下一点或 [放弃(U)]：
命令： LINE 指定第一点：
指定下一点或 [放弃(U)]：
指定下一点或 [放弃(U)]：
```

Step 2　利用 "偏移" 命令，将圆向外偏移 10 作辅助圆，再用延伸的命令，将中心线延伸至辅助圆上，最后删除辅助圆，即可得到所绘图形，如图 5-58 所示。

```
命令：o OFFSET
当前设置：删除源=否 图层=源 OFFSETGAPTYPE=0
指定偏移距离或 [通过(T)/删除(E)/图层(L)] <通过>： 10
选择要偏移的对象，或 [退出(E)/放弃(U)] <退出>：
指定要偏移的那一侧上的点，或 [退出(E)/多个(M)/放弃(U)] <退出>：
选择要偏移的对象，或 [退出(E)/放弃(U)] <退出>：

命令：ex EXTEND
当前设置：投影=UCS，边=无
```

```
选择边界的边...
选择对象或 <全部选择>：找到 1 个
选择对象：
选择要延伸的对象，或按住 Shift 键选择要修剪的对象，或
[栏选(F)/窗交(C)/投影(P)/边(E)/放弃(U)]：
选择要延伸的对象，或按住 Shift 键选择要修剪的对象，或
[栏选(F)/窗交(C)/投影(P)/边(E)/放弃(U)]：
选择要延伸的对象，或按住 Shift 键选择要修剪的对象，或
[栏选(F)/窗交(C)/投影(P)/边(E)/放弃(U)]：
选择要延伸的对象，或按住 Shift 键选择要修剪的对象，或
[栏选(F)/窗交(C)/投影(P)/边(E)/放弃(U)]：
选择要延伸的对象，或按住 Shift 键选择要修剪的对象，或
[栏选(F)/窗交(C)/投影(P)/边(E)/放弃(U)]：
命令：
命令：e ERASE 找到 1 个
```

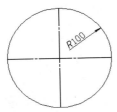

图 5-57　延伸图例

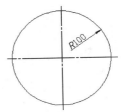

图 5-58　延伸后图例

5.12　打断

5.12.1　定义

在 AutoCAD 2017 中，使用"打断"命令可部分删除对象或把对象分解成两部分，还可以使用"打断于点"命令将对象在一点处断开成两个对象。

5.12.2　方法

- 【命令行】：BREAK（BR）
- 【菜单栏】："修改"|"打断"
- 【工具面板】：▭

5.12.3　方式

（1）打断于点

执行"打断"命令（BR），回车或空格确认，选择需要打断的对象，然后在命令行输入"F"，回车或空格确认，选择第一打断点，在提示指定第二点时输入"@"，回车或空格确认即可，如图 5-59 所示。

图 5-59　打断于点后

又或者在命令行里提示指定第一打断点时，在同一点上单击两下，也可实现将一条线段变成两条线段，但端点重合。

> 注意：如果通过"修改"工具面板上的"打断于点"的命令按钮□，则在选择打断对象后，不需要再命令行里输入"F"，直接指定打断点，即默认第一打断点和第二打断点是同一位置，这种方式也可以实现把对象分解成两部分，而分解后两部分的端点还是重合的。

（2）打断于边

与打断于点不同，打断于边两次选择的打断点是不同的， 打断以后两点之间的线段会被删除掉。

需要注意的是，打断于边命令在执行过程中，第一点和第二点的选择顺序不同，则两点之间删除的部分也是不同的。

如图 5-60 所示，对圆使用打断命令时，选择 A 点为第一打断点，再选 B 点为第二打断点，则沿逆时针方向把圆弧 AB 部分删除。若选择 B 点为第一打断点，再选 A 点为第二打断点，则沿顺时针方向把圆弧 AB 部分删除。

【例题 5-19】利用打断等命令绘制如图 5-61 图形。

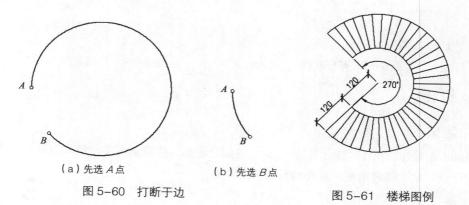

（a）先选 A 点　　　（b）先选 B 点

图 5-60　打断于边

图 5-61　楼梯图例

具体操作步骤如下：

Step 1　通过极坐标先画一条长度为 240 且与水平方向成 45° 的线段，如图 5-62 所示。

```
命令：l LINE 指定第一点：
指定下一点或 [放弃(U)]: @240<-135
指定下一点或 [放弃(U)]:
```

Step 2　将所绘制的线段以中心点打断于点，如图 5-63 所示。

```
命令：br BREAK 选择对象：
指定第二个打断点 或 [第一点(F)]: f
指定第一个打断点：
指定第二个打断点: @
命令：
```

图 5-62 绘制楼梯第 1 步

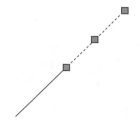

图 5-63 绘制楼梯第 2 步

Step 3 以 C 点为阵列中心点，阵列总数为 35，阵列填充角度为 270°，以 AB 线段为阵列对象进行阵列，如图 5-64 所示。

```
命令：AR ARRAY
指定阵列中心点：
选择对象：找到 1 个
选择对象：
```

Step 4 用三点画圆弧的方式绘制圆弧 AFG 和圆弧 BDE，完成最终所绘图形，如图 5-65 所示。

图 5-64 绘制楼梯第 3 步

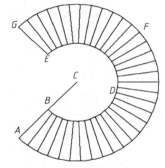

图 5-65 绘制楼梯第 4 步

```
命令：A ARC 指定圆弧的起点或 [圆心(C)]：
指定圆弧的第二个点或 [圆心(C)/端点(E)]：
指定圆弧的端点：
命令： ARC 指定圆弧的起点或 [圆心(C)]：
指定圆弧的第二个点或 [圆心(C)/端点(E)]：
指定圆弧的端点：
命令：
```

5.13 合并

5.13.1 定义

合并是指将某一连续图形上的两个部分进行连接，或者将某段圆弧闭合为整圆。

5.13.2 方法

- 【命令行】：JOIN（J）
- 【菜单栏】："修改"|"合并"
- 【工具面板】：⊬

5.13.3 方式

（1）将源对象进行合并

Step 1 调用"合并"命令的方式操作，执行"合并"命令，回车或空格确认；

Step 2 先选择源对象，再选择要合并到源对象的对象；

Step 3 回车或空格确认后即可完成合并。

（2）将源对象进行闭合

Step 1 按上述调用"合并"命令的方式操作，执行"合并"命令，回车或空格确认；

Step 2 选择源对象，并在命令行里输入"L"；

Step 3 回车或空格确认后即可完成合并。

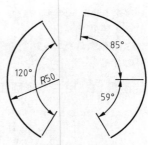

图 5-66 合并例图

【例题 5-20】绘制图 5-66 所示的图形，并对图形分别进行合并和闭合操作。已知两圆弧的圆心在同一位置上。

具体操作步骤如下：

Step 1 先绘制已知图形

> 命令：a ARC 指定圆弧的起点或 [圆心(C)]：c 指定圆弧的圆心：
> 指定圆弧的起点：@50<120
> 指定圆弧的端点或 [角度(A)/弦长(L)]：a 指定包含角：120
>
> 命令：a ARC 指定圆弧的起点或 [圆心(C)]：c 指定圆弧的圆心：
> 指定圆弧的起点：@50<-59
>
> 指定圆弧的端点或 [角度(A)/弦长(L)]：a 指定包含角：144

Step 2 现将所绘制的两圆弧进行合并，如图 5-67 所示。

> 命令：j JOIN 选择源对象：
> 选择圆弧，以合并到源或进行 [闭合(L)]：
> 选择要合并到源的圆弧： 找到 1 个
> 已将 1 个圆弧合并到源

Step 3 将合并后的圆弧进行闭合，如图 5-68 所示。

> 命令：j JOIN 选择源对象：
> 选择圆弧，以合并到源或进行 [闭合(L)]： L
> 已将圆弧转换为圆

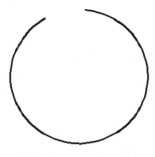

图 5-67　两圆弧合并后

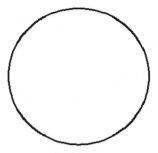

图 5-68　合并后圆弧再闭合

5.14　分解

5.14.1　定义

对于矩形、块等由多个对象编组成的组合对象，如果需要对单个成员进行编辑，就需要先将它分解开，即将成组的物体或连接的物体炸开。

5.14.2　方法

- 【命令行】：EXPLODE（X）
- 【菜单栏】："修改" | "分解"
- 【工具面板】：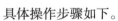

5.14.3　方式

（1）在命令行里输入"X"，回车或空格确认；

（2）选择对象，回车或空格确认即可完成分解对象。

【例题 5-21】用"矩形"和"偏移"命令绘制图 5-69所示的图形，并对图中小矩形进行分解操作。

具体操作步骤如下。

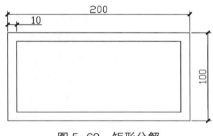

图 5-69　矩形分解

```
命令: rec RECTANG
指定第一个角点或 [倒角(C)/标高(E)/圆角(F)/厚度(T)/宽度(W)]:
指定另一个角点或 [面积(A)/尺寸(D)/旋转(R)]: @200,-100

命令: o OFFSET
当前设置: 删除源=否　图层=源　OFFSETGAPTYPE=0
指定偏移距离或 [通过(T)/删除(E)/图层(L)] <10.0000>: 10
选择要偏移的对象, 或 [退出(E)/放弃(U)] <退出>:
指定要偏移的那一侧上的点, 或 [退出(E)/多个(M)/放弃(U)] <退出>:
选择要偏移的对象, 或 [退出(E)/放弃(U)] <退出>:

命令: x EXPLODE
选择对象: 找到 1 个
选择对象:
```

5.15 倒角

5.15.1 定义

在 AutoCAD 中，倒角是指当需要将两个非平行的对象，通过延伸或修剪使它们相交于一点或利用斜线连接（即对两条直线边倒棱角）。

5.15.2 方法

- 【命令行】：CHAMFER（CHA）
- 【菜单栏】："修改"|"倒角"
- 【工具面板】：☐ 倒角 ▾

5.15.3 方式

在 AutoCAD 操作中，执行"倒角"命令后，命令行出现图 5-70 所示的提示信息。这些信息选项含义如下。

图 5-70 倒角命令执行过程中的不同选项

- "多段线（P）"：以当前设置的倒角大小对对象为多段线的各顶点（交角）修倒角。
- "距离（D）"：设置倒角距离尺寸。
- "角度（A）"：可以根据第一个倒角距离和角度来设置倒角尺寸。
- "修剪（T）"：设置倒角后是否保留原拐角边。
- "多个（U）"：可以对多个对象绘制倒角。

可使用以下两种常见的方式来创建倒角。

（1）通过指定倒角两端的距离

如图 5-71 所示，这种倒角方式具体操作的步骤如下：

Step 1	输入倒角命令"CHA"，回车或空格确认；
Step 2	输入"d"，回车或空格确认；
Step 3	先输入指定第一个倒角距离，回车或空格确认；
Step 4	再输入指定第二个倒角距离，回车或空格确认；
Step 5	在绘图区域单击选择倒角的第一条直线，再单击选择第二条直线。

（2）通过指定一端的距离和倒角的角度进行倒角。

如图 5-72 所示，这种倒角方式具体操作的步骤如下：

Step 1	输入倒角命令"CHA"，回车或空格确认；
Step 2	输入"a"，回车或空格确认；
Step 3	先输入指定第一条直线的倒角长度，回车或空格确认；
Step 4	再输入指定第一条直线的倒角角度，回车或空格确认；

Step 5　在绘图区域单击选择倒角的第一条直线，再单击选择第二条直线。

图 5-71　通过两端距离创建倒角　　　　图 5-72　通过两端距离创建倒角

> **小技巧**：在图形的编辑修改中，常需使两直线精确相交，可使用 "CHA" 命令，将指定的第一个倒角距离角和第二倒角距离均设置为 0，然后选择两直线即可，如图 5-73 所示。

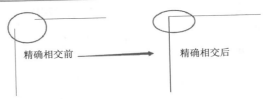

图 5-73　通过倒角实现两直线精确相交

5.16　圆角

5.16.1　定义

在 AutoCAD 中圆角是指可以通过一个指定半径的圆弧来光滑地连接两个对象。可以进行圆角处理的对象包括直线、多段线的直线段、样条曲线、构造线、射线、圆、圆弧和椭圆等。其中，直线、构造线和射线在相互平行时也可进行圆角。

5.16.2　方法

- 【命令行】：FILLET（F）
- 【菜单栏】："修改" | "圆角"
- 【工具面板】：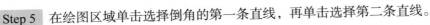

5.16.3　方式

在 AutoCAD 操作中，执行"圆角"命令后，在命令行出现如图 5-74 所示的提示信息。这些信息选项含义如下。

图 5-74　圆角命令执行过程中的不同选项

- "多段线（P）"：以当前设置的倒角大小对对象为多段线的各顶点（交角）修圆角。

- "半径（R）"：设置圆角半径大小。
- "修剪（T）"：设置倒角后是否保留原拐角边。
- "多个（U）"：可以对多个对象绘制倒角。

圆角具体操作的步骤如下：

Step 1　在命令行里输入倒角命令"F"，回车或空格确认；

Step 2　输入"R"，回车或空格确认；

Step 3　输入圆角的半径，回车或空格确认；

Step 4　在绘图区域单击选择圆角的第一个对象，再单击选择第二个对象。

> 💡 **小技巧**：同上述倒角在两直线精确相交的应用一样，也可以通过使用"F"圆角命令，将指定的圆角半径设置为 0，然后选择两对象即可实现两直线精确相交。

【例题 5–22】用矩形和偏移命令绘制图 5–75（a）所示的图形，并通过倒角和圆角的命令将其编辑为图 5–75（b）所示的图形。

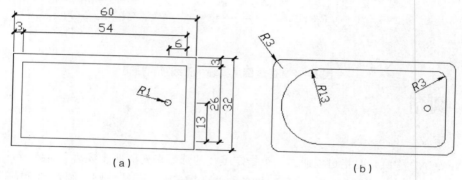

（a）　　　　　　　　　　　　　　　（b）

图 5–75　浴缸图例

具体操作步骤如下：

Step 1　先绘制图 5–75（a）所示图形。

```
命令：rec RECTANG
指定第一个角点或 [倒角(C)/标高(E)/圆角(F)/厚度(T)/宽度(W)]：
指定另一个角点或 [面积(A)/尺寸(D)/旋转(R)]：@60,-32

命令：o OFFSET
当前设置：删除源=否　图层=源　OFFSETGAPTYPE=0
指定偏移距离或 [通过(T)/删除(E)/图层(L)] <1.0000>：3
选择要偏移的对象，或 [退出(E)/放弃(U)] <退出>：
指定要偏移的那一侧上的点，或 [退出(E)/多个(M)/放弃(U)] <退出>：
选择要偏移的对象，或 [退出(E)/放弃(U)] <退出>：
```

命令：c CIRCLE 指定圆的圆心或 [三点(3P)/两点(2P)/相切、相切、半径(T)]: from 基点: <
偏移>: @-6,0

指定圆的半径或 [直径(D)]: 1

Step 2 再将其编辑为图 5-75（b）所示图形。

命令：f FILLET

当前设置：模式 = 修剪，半径 = 0.0000

选择第一个对象或 [放弃(U)/多段线(P)/半径(R)/修剪(T)/多个(M)]: r 指定圆角半径
<0.0000>: 3

选择第一个对象或 [放弃(U)/多段线(P)/半径(R)/修剪(T)/多个(M)]: p 选择二维多段线:4 条
直线已被圆角

命令：f
FILLET
当前设置：模式 = 修剪，半径 = 3.0000
选择第一个对象或 [放弃(U)/多段线(P)/半径(R)/修剪(T)/多个(M)]: m
选择第一个对象或 [放弃(U)/多段线(P)/半径(R)/修剪(T)/多个(M)]:
选择第二个对象，或按住 Shift 键选择要应用角点的对象:
选择第一个对象或 [放弃(U)/多段线(P)/半径(R)/修剪(T)/多个(M)]:
选择第二个对象，或按住 Shift 键选择要应用角点的对象:
选择第一个对象或 [放弃(U)/多段线(P)/半径(R)/修剪(T)/多个(M)]:

命令：f
FILLET
当前设置：模式 = 修剪，半径 = 3.0000
选择第一个对象或 [放弃(U)/多段线(P)/半径(R)/修剪(T)/多个(M)]: r
指定圆角半径 <3.0000>: 13
选择第一个对象或 [放弃(U)/多段线(P)/半径(R)/修剪(T)/多个(M)]: m
选择第一个对象或 [放弃(U)/多段线(P)/半径(R)/修剪(T)/多个(M)]:
选择第二个对象，或按住 Shift 键选择要应用角点的对象:
选择第一个对象或 [放弃(U)/多段线(P)/半径(R)/修剪(T)/多个(M)]:
选择第二个对象，或按住 Shift 键选择要应用角点的对象:
选择第一个对象或 [放弃(U)/多段线(P)/半径(R)/修剪(T)/多个(M)]:

5.17　编辑对象特性

5.17.1　定义

在 AutoCAD 中，对象特性包含一般特性和几何特性。一般特性包括对象的颜色、线型、图层
及线宽等，几何特性包括对象的尺寸和位置。可以直接在"特性"选项板中设置和修改对象的特性。

5.17.2　方法

- 【命令行】：PROPERTIES（PR 或 CH）
- 【菜单栏】："修改"｜"特性"
- 【菜单栏】："工具"｜"选项板"｜"特性"
- 【工具面板】：

5.17.3　方式

（1）打开对象"特性"选项板

执行对象"特性"命令后，打开对象"特性"选项板，"特性"选项板默认处于浮动状态。在"特性"选项板的标题栏上右击，将弹出一个快捷菜单。可通过该快捷菜单确定是否隐藏选项板、透明度以及是否将选项板锁定在主窗口中，如图 5-76 所示。

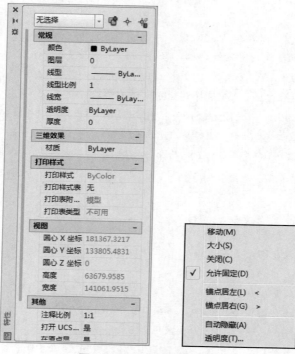

图 5-76　对象特性选项板

（2）对象"特性"选项板的功能

对象特性"选项板中显示了当前选择集中对象的所有特性和特性值，当选中多个对象时，将显示它们的共有特性。可以通过它浏览、修改对象的特性，也可以通过它浏览、修改满足应用程序接口标准的第三方应用程序对象。

第6章 图 层

在 AutoCAD 中，图层的最大好处就是能够在不同的图层上绘制图纸，方便了图形的处理、图纸的美观以及修改，也是用户在 AutoCAD 绘图过程中进行绘图环境设置的首要工作内容。

6.1 创建及设置图层

6.1.1 定义

用户可以将 AutoCAD 图层想象成透明胶片，把各种类型的图形元素画在上面，AutoCAD 再将它们叠加在一起显示出来。如图 6-1 所示，在图层 A 上绘有挡板，图层 B 上绘有支架，图层 C 上绘有铆钉，最终的显示结果是各层内容叠加后的效果。

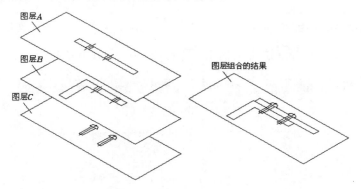

图 6-1 AutoCAD 图层定义

图层是用户组织图形的最有效的工具之一，即把相同特性的事物放在同一个界面上来管理的平台。例如：表达图样时，把线型、尺寸、文字等放在不同的图层上，一层挨一层的叠放起来，就构成一幅完整的图。用户可以根据需要打开、关闭、增加和删除图层，每层可以设置不同的线型、线宽和颜色，AutoCAD 支持 255 种颜色和超过 40 种预定义线型，并且用户还可以自定义线型。

6.1.2 性质

- 每个图层有一个名称。AutoCAD 自动生成名为"0"的图层。
- 每个图层容纳对象的数量不受限制。
- 用户使用图层的数量不受限制，但不宜过多，够用即可。
- 每个图层的颜色、线型、线宽可以自己设置。

- 同一个图层上对象处于同一种状态（如：可见或不可见）。
- 所有图层有相同的坐标系、绘图界限和显示缩放倍数。
- 图层具有关闭、冻结、锁定等特性。

6.1.3 创建及设置图层

1．方法

AutoCAD 提供了三种命令调用的方法来创建图层。

（1）从"图层"工具面板中，单击"图层特性管理器"（见图 6-2）。

它将打开图层对话框（见图 6-3），用户可利用该对话框创建新图层、设置或修改图层状态等特性。

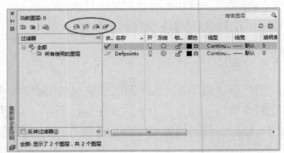

图 6-2 AutoCAD 2017 图层工具栏　　　　　图 6-3 AutoCA D2017 图层特性管理器

（2）从"格式"菜单选择下拉列表中的"图层"选项（见图 6-4）。

图 6-4 AutoCAD 2017 从格式菜单中打开图层窗口

（3）从命令行里输入"LA"命令，并空格或回车确认，如图 6-5 所示。

图 6-5 AutoCAD 2017 从命令行里打开图层窗口

2．创建及设置图层

在 AutoCAD 中图层新建时主要针对图层名、图层颜色、图层线型和图层线宽等几个方面进行创建和设置。

（1）新建图层，指定图层名：在图层特性
对话框中，单击"新建图层"按钮 ，对话框
中增加显示了"图层 1"的图层。先选中要修改
的图层名称（如"图层 1"），该名称周围出现一
个白色矩形框，在矩形框内单击一点，图层名
称高亮显示。此时，用户可输入新的图层名称
（如：中心线）。若要建多个图层接着单击"新
建图层"按钮，输入新图层名，最后单击"确
定"按钮，如图 6-6 所示。

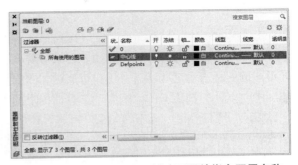

图 6-6　AutoCAD 2017 新建图层并指定图层名称

（2）指定图层颜色：在图层特性对话框设置颜色处单击，弹出一个对话框，在对话框中选择
所需要的颜色，单击"确定"即可，如图 6-7 所示。

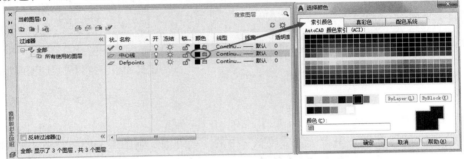

图 6-7　AutoCAD 2017 新建图层颜色设置

（3）在图层特性对话框里，单击对应编辑图层的线型，弹出"选择线型"对话框，在该对话
框中单击"加载"按钮，弹出"加载或重载线型"对话框，在该对话框中选择所需要的线型，单
击"确定"。在线型设置对话框中再次选择加载的线型到所设置的图层，单击"确定"即可，如
图 6-8 所示。

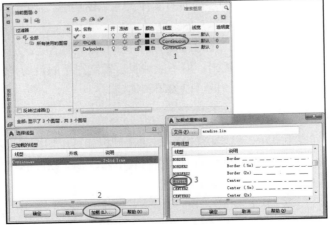

图 6-8　AutoCAD 2017 新建图层线型设置

6.2　控制图层状态

6.2.1　定义

图层状态主要包括打开与关闭、冻结与解冻、锁定与解锁、打印与不打印等，AutoCAD 用不同形式的图标表示这些状态。用户可通过"图层特性管理器"对话框（见图 6-9），也可以通过功能区中"默认"选项卡的"图层"工具面板上的工具按钮对图层状态进行控制（见图 6-10）。

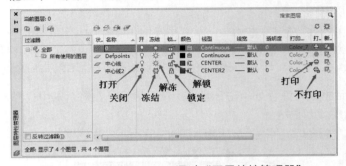

图 6-9　AutoCAD 2017 通过"图层特性管理器"
控制图层状态方式

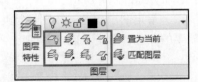

图 6-10　AutoCAD 2017 通过"图层"
工具面板下拉列表控制图层状态方式

6.2.2　特点

图层状态各自的特点：

（1）"打开/关闭"图层。单击"图层控制"中的"小灯泡"则图层关闭，再单击则图层打开。关闭图层上的对象不可见，不能编辑，不能输出。

（2）"冻结/解冻"图层。单击"图层控制"中的"小太阳"则图层冻结，再单击则图层解冻。冻结图层上的对象也不可见，不能编辑，不能输出。

冻结图层与关闭图层区别在于 AutoCAD 内部的处理有很大的不同。比如，被关闭图层中的对象如果被选中后是可以编辑修改的，而且可以用关闭的图层绘制新的图形对象。而冻结图层不仅使该层不可见，而且在选择时忽略该图层的所有实体。冻结图层后，不能在该层上绘制新的图形对象，也不能编辑和修改图层上的实体。

（3）"锁定"|"解锁"图层。单击"图层控制"中的"小锁"则图层锁定，再单击则图层解锁。锁定图层上的对象可见，可以绘图和输出，但不能编辑。锁定图层的目的是防止误删和误改。

值得注意的是：当前层不能冻结，但可以关闭和锁定。

6.2.3　修改图层状态

"图层控制"下拉列表中显示了图层状态图标，单击图标就可以切换图层状态。在修改图层状态时，该下拉列表将保持打开状态，用户能一次在列表中修改多个图层的状态。修改完成后，单击列表框顶部将列表关闭。

6.3　有效地使用图层

控制图层的一种方法是单击"图层"工具面板上的"图层特性管理器"按钮，打开"图层特性管理器"对话框，通过该对话框完成上述任务。

此外，还有另一种更简捷的方法，就是使用"图层"工具面板上的"图层控制"下拉列表，如图 6-10 所示。该下拉列表中包含了当前图形中的所有图层，并显示各层的状态图标。

6.3.1　切换当前图层

要在某个图层上绘图，必须先使该层成为当前层。通过"图层控制"下拉列表，用户可以快速地切换当前层。方法如下：

（1）单击"图层控制"下拉列表右边的箭头，打开列表。

（2）选择欲设置成当前层的图层名称，操作完成后，该下拉列表自动关闭。

设置某个图层为当前层，还可以通过"图层特性管理器"对话框来完成。

①在"图层特性管理器"对话框里，先单击选择某个图层，然后再单击对话框里的"置为当前"按钮，此时该图层状态图标上显示"√"标记，则表明已设置成功（见图 6-11）。最后，单击"确定"按钮，关闭"图层特性管理器"对话框。

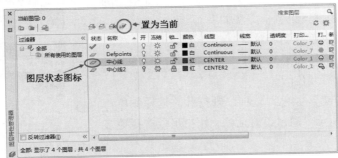

图 6-11　AutoCAD 2017 图层特性管理器图层状态图标

（3）也可以在"图层特性管理器"对话框里，直接双击所要设置为当前的图层状态栏图标即可（见图 6-11）。最后，单击"确定"按钮，关闭"图层特性管理器"对话框。

6.3.2　切换当前图层使某一个图形对象所在的图层成为当前层

有两种方法可以将某个图形对象所在的图层修改为当前层。

（1）先选择图形对象，在"图层控制"下拉列表中将显示该对象所在的层，再按【Esc】键取消选择，然后通过"图层控制"下拉列表切换当前层。

（2）单击"图层"工具面板上的"置为当前"按钮（见图 6-12），AutoCAD 提示"选择将使其图层成为当前图层的对象"，选择某个对象，则此对象所在的图层就成为当前层。显然，此方法更简捷一些。

图 6-12　AutoCAD 2017 图层工具面板

6.3.3　修改已有对象的图层

如果想把某个图层上的对象修改到其他图层上，可先选择该对象，然后在"图层控制"下拉列表中选取要放置的图层名称。操作结束后，列表框自动关闭，被选择的图形对象转移到新的图层上。

6.4　改变对象颜色、线型及线宽

通过"特性"工具面板可以方便地设置对象的颜色、线型及线宽等。默认情况下，该工具面板上的"对象颜色"、"线型"和"线宽"3个下拉列表中显示"ByLayer"，如图6-13所示。"ByLayer"的意思是所绘对象的颜色、线型和线宽等属性与当前层所设定的完全相同。

接下来将介绍怎样临时设置即将创建图形对象的这些特性，以及如何修改已有对象的这些特性。

图6-13　AutoCAD 2017 特性
工具面板

6.4.1　修改对象颜色

要改变已有对象的颜色，可通过"特性"工具面板上的"对象颜色"下拉列表进行设置，方法如下。

（1）选择要改变颜色的图形对象。

（2）在"特性"工具面板上打开"颜色控制"下拉列表，然后从列表中选择所需颜色。

（3）如果选取"更多颜色"选项，则打开"选择颜色"对话框，如图6-14所示。通过该对话框，用户可以选择更多种类的颜色。

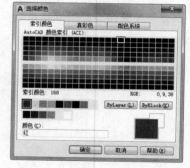

图6-14　AutoCAD 2017"选择颜色"
对话框

6.4.2　设置当前颜色

默认情况下，用户在某一图层上创建的图形对象都将使用图层所设置的颜色。若想改变当前的颜色设置，可通过"特性"工具面板上的"对象颜色"下拉列表进行设置，具体步骤如下。

Step 1　打开"特性"工具面板上的"对象颜色"下拉列表，从列表中选择一种颜色。

Step 2　当单击"更多颜色"按钮时，AutoCAD打开"选择颜色"对话框，如图6-14所示。在该对话框中用户可作更多选择。

值得注意的是：设置当前颜色与修改对象颜色不同之处在于是否要先选择对象，设置当前颜色是在不选对象的情况下进行操作的。

6.4.3　修改已有对象的线型或线宽

修改已有对象线型、线宽的方法与改变对象颜色类似，具体步骤如下。

Step 1　选择要改变线型的图形对象。

Step 2　在"特性"工具面板上打开"线型控制"下拉列表，从列表中选择所需的线型，如

图 6-15 所示。

Step 3 选取该列表的"其他…"选项，则打开"线型管理器"对话框，如图 6-16 所示。在该对话框中，用户可选择一种或加载更多种线型。若"线型管理器"对话框里没有所需线型的话，可通过"线型管理器"对话框上的"加载"按钮，在"加载或重载线型"对话框里进行选择添加即可，如图 6-17 所示。

图 6-15　AutoCAD 2017 特性
工具面板中的线性控制

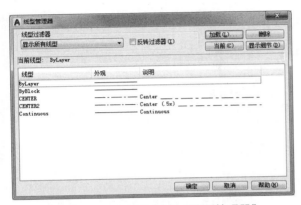

图 6-16　AutoCAD 2017 "线型管理器"
对话框

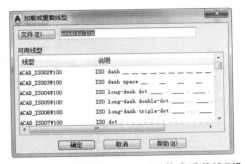

图 6-17　AutoCAD 2017 "加载或重载线型"
对话框

6.4.4　设置当前线型或线宽

默认情况下，绘制的对象采用当前图层所设置的线型、线宽。若要使用其他种类的线型、线宽，则必须改变当前线型、线宽的设置，方法如下。

（1）打开"特性"工具面板上的"线型控制"下拉列表，从列表中选择一种线型。

（2）若选取"其他…"选项，则弹出"线型管理器"对话框，如图 6-16 所示。用户可在该对话框中选择所需线型或加载更多种类的线型。

（3）单击"线型管理器"对话框右上角的"加载"按钮，打开"加载或重载线型"对话框，如图 6-17 所示。该对话框列出了当前线型库文件中的所有线型，用户可在列表框中选择一种或几种所需的线型，再单击"确定"按钮，这些线型就被加载到 AutoCAD 中。

（4）在"线宽控制"下拉列表中可以方便地改变当前线宽的设置，步骤与上述类似，这里不再重复。

6.5　管理图层

管理图层主要包括排序图层、显示所需的一组图层、删除不再使用的图层和重新命名图层等，下面分别进行介绍。

6.5.1　排序图层及按名称搜索图层

在"图层特性管理器"对话框的列表框中可以很方便地对图层进行排序，单击列表框顶部的"名称"标题，AutoCAD 就将所有图层以字母顺序排列出来，再次单击此标题，排列顺序就会颠倒过来。单击列表框顶部的其他标题，也有类似的作用。

假设有几个图层名称均以某一字母开头，如 D-wall、D-door、D-window 等，若想从"图层特性管理器"对话框的列表中快速找出它们，可在"搜索图层"文本框中输入要寻找的图层名称，名称中可包含通配符"*"和"？"，如图 6-18 所示。

其中"*"可用来代替任意数目的字符，"？"用来代替任意一个字符。例如，输入"D*"，则列表框中立刻显示所有以字母"D"开头的图层。需要说明的是，AutoCAD 2017 中文版提供了一系列通配符供用户使用，见表 6-1。

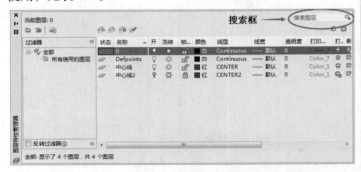

图 6-18　AutoCAD 2017"图层特性管理器"中搜索框

表 6-1　字体与图纸幅面之间关系

字　符	定　义
#（磅字符）	匹配任意数字
@（at）	匹配任意字母字符
.（句点）	匹配任意非字母数字字符
*（星号）	匹配任意字符串，可以在搜索字符串的任意位置使用
？（问号）	匹配任意单个字符，例如："？BC"匹配"ABC"、"3BC"等
~（波浪号）	匹配不包含自身的任意字符串，例如："~*AB*"匹配所有不包含 AB 的字符串
[]	匹配括号中包含的任意字一个字符，例如："[AB]C"匹配"AC"和"BC"
[-]	指定单个字符的范围，例如："[A-G]C"匹配"AC"、"BC"直到"GC"，但不匹配"HC"
`（反引号）	逐字读取其后的字符，例如："`~AB"匹配"~AB"

6.5.2　使用图层特性过滤器

如果图样中包含的图层较少，那么可以很容易地找到某个图层或具有某种特征的一组图层，但当图层数目达到几十个时，这项工作就变得相当困难了。

图层特性过滤器可帮助用户轻松完成这一任务，即利用图层过滤器设置过滤条件，可以只在图层管理器中显示满足条件的图层，缩短查找和修改图层设置的时间。

（1）在 AutoCAD 2017 中文版"图层特性管理器"中单击 (新特性过滤器)按钮 ，或在"图层特性管理器"中按【Alt+P】快捷键即可。

（2）打开的"图层过滤器特性"已将此过滤器已命名为"特性过滤器1"，并在"过滤器定义"框中定义过滤条件，如图 6-19 所示。过滤器定义中包括以下条件：

- 图层名必须包含字母"线"，并且该图层必须处于打开状态并已解冻。
- 该图层必须未锁定，并且其颜色必须为红色。

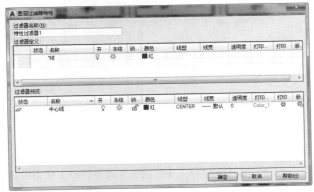

图 6-19　AutoCAD 2017 "图层过滤器特性"

此时"过滤器预览窗口中会显示符合"过滤器定义"中定义过滤条件的图层。

"图层过滤器特性"对话框选项含义如下。

"过滤器名称"：将显示图层特性过滤器的名称。

"过滤器定义"：将显示用于确定列出哪些图层的图层特性。可以通过单击指定一个或多个特性来定义过滤器。在过滤器定义中的单行上指定的所有特性必须为真，才能显示图层名（逻辑 AND）。过滤器定义中的后续行各自指定替换条件（逻辑 OR）。

"过滤器预览"按照定义的方式显示过滤的结果。过滤器预览将显示在当前选定的过滤器处于活动状态时，图层特性管理器的图层列表中将显示哪些图层。

（3）设置完"图层过滤器特性"对话框后，单击"确定"按钮，在"图层特性管理器"左侧会显示新建的"图层过滤器"，右边显示了符合"图层过滤器特性"定义的图层，如图 6-20 所示。

（4）在"图层特性管理器"对话框左侧的"过滤器"列表中可选择切换过滤器图层；如要回到显示所有图层，单击"所使用的图层"，即可显示所有正在使用的图层，如图 6-21 所示。

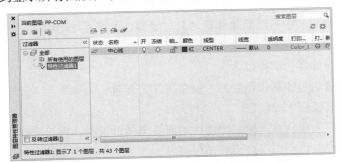

图 6-20　AutoCAD 2017 "图层特性管理器"

图 6-21　AutoCAD 2017 图层 "过滤器"

6.5.3　使用图层组过滤器

　　用户可以将经常用到的一个或多个图层定义为图层组过滤器，该过滤器也显示在"图层特性管理器"对话框左边的过滤器树中，如图 6-22 所示。当选中一个图层组过滤器时，AutoCAD 2017 就在"图层特性管理器"对话框右边的列表框中列出图层组中包含的所有图层。

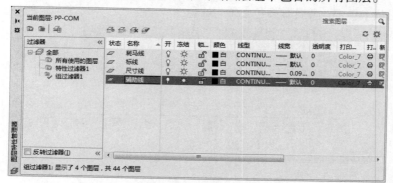

图 6-22　AutoCAD 2017 "图层特性管理器"中图层组过滤器

　　在 AutoCAD 2017 中，新建图层组过滤器可以通过单击"图层过滤器特性"对话框右上角 "新建组过滤器"按钮 ，或按快捷键【Alt+G】，如图 6-23 所示。

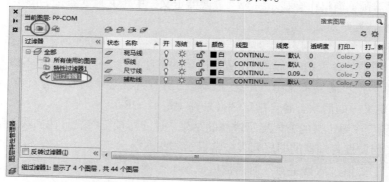

图 6-23　AutoCAD 2017 创建图层组过滤器

　　要定义图层组过滤器中的图层，只需将图层列表中的图层拖入过滤器即可。若要从图层组中删除某个图层，则可先在图层列表框中选中图层，然后右击，选取"从组过滤器中删除"命令。
　　在图层组过滤器名称上右击，在下拉列表中可以删除和重命名过滤器，如图 6-24 所示。
　　"可见性"：更改选定过滤器中图层的可见性。
　　"锁定"：控制是锁定还是解锁选定过滤器中的图层。
　　"视口"：在当前布局视口中，控制选定过滤器中图层的"视口冻结"设置。
　　"隔离组"：冻结所有未包括在选定过滤器中的图层。
　　"所有视口"：在所有布局视口中，将未包括在选定过滤器中的所有图层设置为"视口冻结"。在模型空间中，将冻结不在选定过滤器中的所有图层，当前图层除外。
　　"仅活动视口"：在当前布局视口中，将未包括在选定过滤器中的所有图层设置为"视口冻结"。

在模型空间中，将关闭未包括在选定过滤器中的所有图层，当前图层除外。

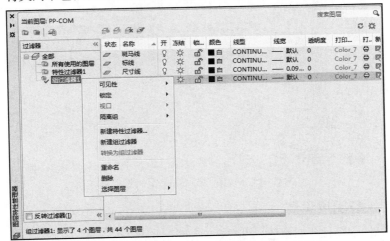

图 6-24　AutoCAD 2017 图层组过滤器下拉菜单

"新建特性过滤器"：显示"图层过滤器特性"对话框。

"新建组过滤器"：创建图层组过滤器。

"转换为组过滤器"：将选定图层特性过滤器转换为图层组过滤器。

"重命名"：编辑选定的图层过滤器名称。

"删除"：删除选定的图层过滤器。无法删除"全部"、"所有使用的图层"或"外部参照"图层过滤器。

"特性"：显示"图层过滤器特性"对话框，从中可以修改选定图层特性过滤器的定义。仅当选定了某一个图层特性过滤器后，此选项才可用。

"选择图层"：添加或替换选定图层组过滤器中的图层。仅当选定了某一个图层组过滤器后，此选项才可用。

"添加"：将图层从图形中选定的对象添加到选定的图层组过滤器。

"替换"：用图形中选定对象所在的图层替换选定图层组过滤器的图层。

6.5.4　使用图层组过滤器

用户可以将经常用到的一个或多个图层定义为图层组过滤器，该过滤器也显示在"图层特性管理器"对话框左边的过滤器树中，如图 6-22 所示。当选中一个图层组过滤器时，AutoCAD 2017 就在"图层特性管理器"对话框右边的列表框中列出图层组中包含的所有图层。

6.5.5　反转过滤器

选择"反转过滤器"：AutoCAD 2017 中文版将显示所有不满足活动图层特性过滤器中条件的图层，如图 6-25 所示。

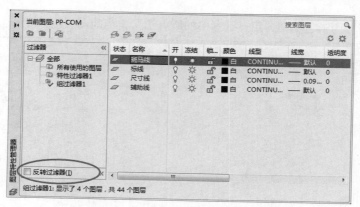

图 6-25 AutoCAD 2017 反转过滤器

6.5.6 保存及恢复图层设置

图层设置包括图层特性（如颜色、线型等）和图层状态（如关闭、锁定等），用户可以将当前图层设置命名并保存起来，当以后需要时再根据图层设置的名称恢复以前的设置。

（1）保存图层设置方法

① 打开"图层特性管理器"，在"图层特性管理器"对话框中单击"图层状态管理器"按钮 ，如图 6-26 所示；

② 在打开的"图层状态管理器"对话框右侧单击"新建"按钮，打开"要保存的新图层状态"对话框，在新图层状态名的文本框里输入"User1"，单击"确定"按钮，返回"图层状态管理器"对话框，如图 6-27 所示；

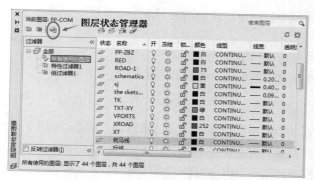

图 6-26 AutoCAD 2017 "图层状态
管理器"按钮

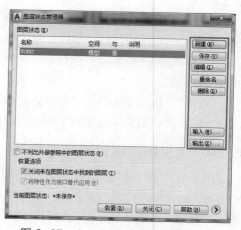

图 6-27 AutoCAD 2017 "图层状态
管理器"对话框

③ "图层状态管理器"对话框其他设置默认不变，单击"图层状态管理器"对话框右下方"输出"按钮，打开"输出图层状态"对话框，选择图层要存放的路径，例如选择存放在桌面，则桌面就生成了一个文件名为"User1.las"的图层状态备份文件。

（2）恢复图层设置方法

① 新建一个 AutoCAD 文件，选择"无样板公制"打开；

② 打开"图层特性管理器"，再打开"图层状态管理器"，选择右下方的"输入"按钮，打开"输入图层状态"对话框；

③ 在桌面上找到之前保存的"User1"图层状态备份文件，确定后单击"恢复状态"。则用户就可以在"图层特性管理器"里面看到之前设置的图层了，同时也可以在 AutoCAD 绘图区看到输入的之前保存的图层了。

6.5.7 修改非连续线型外观

非连续线型是由短横线、空格等构成的重复图案，图案中短线长度、空格大小是由线型比例来控制的。用户绘图时常会遇到以下情况，本来想画虚线或点画线，但最终绘制出的线型看上去却和连续线一样，其原因是线型比例设置得太大或太小。

1. 改变全局线型比例因子以修改线型外观

LTSCALE 用于控制线型的全局比例因子，它将影响图样中所有非连续线型的外观，其值增加时，将使非连续线中的短横线及空格加长。否则，会使它们缩短。当用户修改全局比例因子后，AutoCAD 将重新生成图形，并使所有非连续线型发生变化。图 6-28 所示为使用不同比例因子时非连续线型的外观。

除了在命令行，可用"LTSCALE"命令改变点画线的线型比例，也可在线型中选"其他"打开"线型管理器"对话框设置比例因子，如图 6-29 所示。

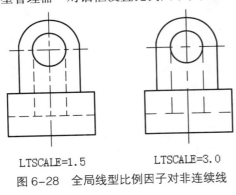

图 6-28　全局线型比例因子对非连续线
外观的影响

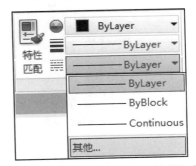

图 6-29　通过线型控制中的"其他"方式
来设置全局比例因子

2. 改变当前对象线型比例

有时用户需要为不同对象设置不同的线型比例，因此，需要单独控制对象的比例因子。当前对象线型比例是由系统变量 CELTSCALE 来设定的，调整该值后所有新绘制的非连续线型均会受到它的影响。

默认情况下 CELTSCALE=1，该因子与 LTSCALE 同时作用在线型对象上。例如，将 CELTSCALE 设置为 4，LTSCALE 设置为 0.5，则 AutoCAD 在最终显示线型时采用的缩放比例将为 2，即最终显示比例=CELTSCALE×LTSCALE。如图 6-30 所示，图形所显示的是 CELTSCALE

分别为 1、2 时虚线及中心线的外观。

【例题 6-1】绘制图 6-31 所示螺母。所绘图形虽然简单，但与前面所学知识的明显不同就是图中不止一种图线。通过例题练习，要求用户掌握设置图层的方法与步骤。

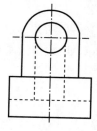 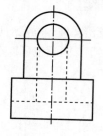

LTSCALE=1
CELTSCALE=1

LTSCALE=1
CELTSCALE=2

图 6-30 设置当前对象的线型比例因子

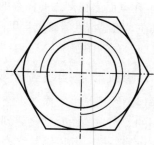

图 6-31 螺母

具体操作步骤如下：

Step 1 设置两个新图层。

执行"LA"图层命令，打开"图层特性管理器"对话框，进行图层设置，如图 6-32 所示。

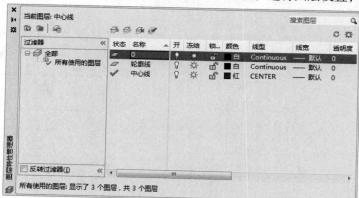

图 6-32 螺母图形图层设置

Step 2 绘制中心线（见图 6-33）。

以上两个步骤的命令操作如下所述：

```
命令: la
LAYER
命令: l LINE 指定第一点:
指定下一点或 [放弃(U)]: 120
指定下一点或 [放弃(U)]:
命令: ro ROTATE
UCS 当前的正角方向: ANGDIR=逆时针 ANGBASE=0
选择对象: 找到 1 个
选择对象:
```

```
指定基点:
指定旋转角度, 或 [复制(C)/参照(R)] <0>:  c 旋转一组选定对象。
指定旋转角度, 或 [复制(C)/参照(R)] <0>:  90
```

Step 3　绘制螺母轮廓线（见图 6-34）。

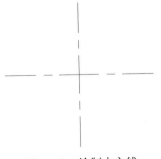

图 6-33　绘制中心线

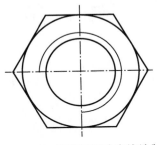

图 6-34　螺母图形轮廓线绘制

```
命令: c CIRCLE 指定圆的圆心或 [三点(3P)/两点(2P)/相切、相切、半径(T)]:
指定圆的半径或 [直径(D)]: 50

命令: o OFFSET
当前设置: 删除源=否  图层=源  OFFSETGAPTYPE=0
指定偏移距离或 [通过(T)/删除(E)/图层(L)] <1.0000>:  20
选择要偏移的对象, 或 [退出(E)/放弃(U)] <退出>:
指定要偏移的那一侧上的点, 或 [退出(E)/多个(M)/放弃(U)] <退出>:
选择要偏移的对象, 或 [退出(E)/放弃(U)] <退出>:

命令: pol POLYGON 输入边的数目 <4>: 6
指定正多边形的中心点或 [边(E)]:
输入选项 [内接于圆(I)/外切于圆(C)] <I>: c
指定圆的半径: 50

命令: <线宽 >
命令:
```

第7章 文字标注与表格

在实际工程领域里，一份完整的图纸除了包括图形本身外，还要包括对图形必要的文字性说明和表格的编辑。可见，在 AutoCAD 绘图中，文字标注和表格编辑也是非常重要的一个环节，尤其是文字标注也要符合国家制图标准的规定。

7.1 文字标注

7.1.1 创建文字样式

1．AutoCAD 使用的字体

（1）".TTF" Windows 字体

".TTF" 是指 Windows 的点阵字体（TrueType 字体），是计算机安装 Windows 操作系统时自带的一种字体。这种字体美观，视觉效果好，尤其是字体放大之后更圆润细腻，但容量大且影响图形的显示速度。点阵字体的存放路径通常是 "C:\Windows\FONTS"。在 AutoCAD 文字样式设置中，该类型的字体是不显示其扩展名的。

（2）".SHX" AutoCAD 字体

".SHX" 是由线条组成的，称为形文件，其扩展名是：".SHX"。这种字体容量较小，占用内存资源少，出图速度快，但没有 ".TTF" Windows 字体美观，是在安装 AutoCAD 程序时自带的一种字体，该字体通常存放于 AutoCAD 程序安装目录下的 "FONTS" 文件夹里。汉字矢量字体有很多，用户可以到网路上搜索下载并把它拷贝到 "AutoCAD 2017\FONTS" 安装目录中就可以使用了。

".SHX" CAD 字体分为字体文件和符号形文件两种类型。其中，字体文件又可以分为小字体和大字体两种。

小字体：指只包含一些单字节(在输入法里称为半角)的数字、字母和符号。最常用的小字体有 "simplex.SHX" 和 "txt.SHX"，国内还有一些包含钢筋符号的小字体，如 "tssdeng.SHX"。在 "文字样式" 对话框的左侧列表中列出的都是小字体文件，如图 7-1 所示。如果文字样式要使用 AutoCAD 字体，首先必须选择一种小字体。

大字体：是针对中文、韩文、日文等双字节(全角)文字定制的字体文件。在 "文字样式" 对话框中必须勾选 "使用大字体" 功能选项，才能在右侧列表中选择大字体文件。

2．字体规范要求

字体指图中汉字、字母、数字的书写形式。在 AutoCAD 工程图中所用的字体应按照

GB/T 50001-2017 房屋建筑制图统一标准、GB/T 50104-2010 建筑制图标准和 GB/T 14691 技术制图字体标准要求，必须遵循下列规定：

- 字体工整、笔画清楚、间隔均匀、排列整齐。
- 字体的号数用字体的高度（h）表示，字体高度的公称尺寸系列为：1.8，2.5，3.5，5，7，10，14，20（mm）

如需书写更大的字,其字体高度按约 1.4 的比率递增,字体高度代表字的号数。

- 汉字应写成长仿宋体，并应采用国家正式公布推行的简化字。汉字的高度 h 不应小于 3.5 mm，其字宽约为 $0.7h$。
- 字母和数字分为 A 型和 B 型。A 型字体的笔画宽度 d 为高 h 的 1/14，B 型则为 1/10。数字和字母有斜体和直体之分，斜体字字头向右倾斜，与水平基准线成 75° 角。

AutoCAD 工程图的字体与图纸幅面之间的大小关系参见表 7-1。

表 7-1　字体与图纸幅面之间关系

图幅 字体	A0	A1	A3	A4	A5
字母数字			3.5		
汉字			5		

AutoCAD 工程图中的字体选用范围见表 7-2。

表 7-2　字体选用范围

汉 字 字 型	国家标准号	字体文件名	应 用 范 围
长仿宋体		HZCF. *	图中标注及说明的汉字、标题栏、明细栏等
单线宋体		HZDX. *	大标题、小标题、图册封面、目录清单、标题栏中设计单位名称、图样名称、工程名称、地形图等
宋体	GB/T 18229—2000 CAD 工程制图规则	HZST. *	
仿宋体		HZFS. *	
楷体		HZKT. *	
黑体		HZHT. *	

3. 创建文字样式

在 AutoCAD 2017 中，所有的文字都与文字样式相关联。文字样式是用来控制文字基本形状的一组设置。默认情况下，系统提供名为"standard"的文字样式，用户可以使用该文字样式，也可以自定义文字样式。

（1）在 AutoCAD 2017 中，执行创建文字样式的方法有以下 3 种：

- 【命令行】：STYLE（ST）
- 【菜单栏】："格式"|"文字样式"
- 【工具面板】：

执行创建"文字样式"命令后，弹出"文字样式"对话框，如图 7-1 所示。

该对话框中各选项功能介绍如下：

- "字体"选项组：该选项组用于更改文字样式的字体。
- "效果"选项组：该选项组用于修改文字字体的特性，例如宽度比例、倾斜角度以及是否颠倒显示、反向或垂直对齐。其中，宽度比例因子为 1 是方块字，为 0.7 是长形字。

（2）"文字样式"设置步骤

Step 1 单击该对话框中的"新建"按钮，弹出"新建文字样式"对话框，如图 7-2 所示。

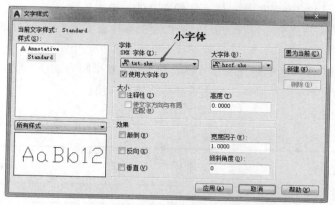

图 7-1 "文字样式"对话框　　　　图 7-2 "新建文字样式"对话框

Step 2 在该对话框中的"样式名"文本框中输入新的样式名，单击"确定"按钮返回到"文字样式"对话框。

Step 3 在该对话框中设置新建文字样式的参数。

（3）字体选择设置

① 设置".TTF" Windows 字体。

以设置一个样式名为"工程图"的文字样式为例，字体设置为".TTF" Windows 字体中的"长仿宋体"，字高度 3.5mm。具体设置如图 7-3 所示。

值得注意的是：如图 7-3 所示，在设置".TTF" Windows 字体时，"文字样式"对话框中的"使用大字体"的选项功能为不可用。

② 设置".SHX" AutoCAD 字体步骤。

Step 1 如图 7-4 所示，在"文字样式"对话框中单击"新建"按钮，在弹出的"新建文字样式"对话框"样式名"文本框中按要求输入新的样式名（如：工程图 2）。

Step 2 在"SHX 字体"下拉菜单列表中先选择一种小字体，用于显示数字、字母和符号等文字使用。

Step 3 勾选"使用大字体"，激活大字体设置。在大字体下拉菜单列表中选择一种大字体，用于显示中文等双字节(全角)文字。

Step 4 设置字体高度、宽度比例等其他字体参数，单击"文字样式"对话框右侧"确定"，关闭"文字样式"对话框，新建的文字样式就设置为当前文字样式了。

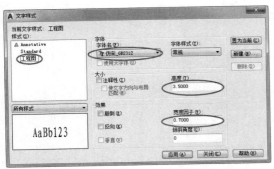

图 7-3 ".TTF" Windows 字体设置

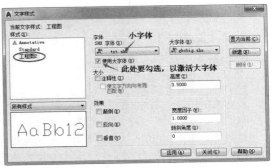

图 7-4 ".SHX" AutoCAD 字体设置

值得注意的是：

① 如图 7-4 所示，在不钩选"使用大字体"的情况下，AutoCAD 会将 Windows 的"FONTS"文件夹的中文字体映射到左边的 SHX 字体里来，用户可以在里面找到这些 Windows 的"FONTS"文件夹的中文字体。

② 如何实现将输入的文字设置为".SHX" AutoCAD 长仿宋体？默认 AutoCAD 安装目录下的"FONTS"文件夹里是没有".SHX" AutoCAD 长仿宋字体，用户需要使用该字体时，可以到网路上下载"HZCF.SHX"字体，然后把"HZCF.SHX"字体拷贝到 AutoCAD 安装目录下的"FONT"文件夹里，然后通过调用 CAD 文字样式设置命令，来进行设置即可。具体设置如图 7-5 所示。

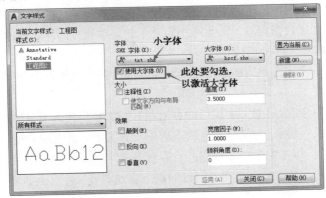

图 7-5 ".SHX" AutoCAD 长仿宋字体设置

7.1.2 文字标注

文字标注就是在 AutoCAD 中为图形创建文字注释。在 AutoCAD 2017 中，创建文字标注的方法有两种，一种是创建单行文字，另一种是创建多行文字。另外，用户还可以在 AutoCAD 中创建各种特殊字符。

1. 标注单行文字

使用单行文字标注图形，一次只能输入一行文字，系统不会自动换行。在 AutoCAD 2017 中，执行创建单行文字命令的方法有以下 3 种：

- 【命令行】：DTEXT（DT）

- 【菜单栏】："绘图"|"文字"|"单行文字"
- 【工具面板】：

执行该命令后，命令行提示如下。

```
命令：_dtext
当前文字样式： Standard  当前文字高度： 2.5000（系统提示）
指定文字的起点或 [对正(J)/样式(S)]：（指定单行文字的起点）
指定高度 <2.5000>：（输入单行文字的高度）
指定文字的旋转角度 <0>：（输入单行文字的旋转角度）
```

此时在指定文字的起点处会出现一个闪动的光标，直接输入文字，按回车结束命令。

如果在单行文字命令执行的过程中，选择"对正（J）"命令选项，则可以设置单行文字的对齐方式，同时命令行会出现如图 7-6 所示的提示。

图 7-6　单行文字对正样式设置选项

其中各命令选项功能介绍如下。

（1）"左（L）"：在由用户给出的点指定的基线上左对正文字。

（2）"居中（C）"：又称"中心对齐"，是指从基线的水平中心对齐文字，此基线是由用户给出的点指定的。

（3）"右（R）"：在由用户给出的点指定的基线上右对齐文字。

（4）"对齐（A）"：通过指定基线端点来指定文字的高度和方向。字符的大小根据其高度按比例调整。文字字符串越长，字符越矮。

（5）"中间（M）"：文字在基线的水平中点和指定高度的垂直中点上对齐。中间对齐的文字不保持在基线上。

（6）"左上（TL）"：在指定为文字顶点的点上左对齐文字。此选项只适用于水平方向的文字。

（7）"中上（TC）"：以指定为文字顶点的点居中对齐文字。此选项只适用于水平方向的文字。

（8）"右上（TR）"：以指定为文字顶点的点右对齐文字。此选项只适用于水平方向的文字。

（9）"左中（ML）"：在指定为文字中间点的点上靠左对齐文字。此选项只适用于水平方向的文字。

（10）"正中（MC）"：在文字的中央水平和垂直居中位置对齐文字。此选项只适用于水平方向的文字。

（11）"右中（MR）"：以指定为文字的中间点的点右对齐文字。此选项只适用于水平方向的文字。

（12）"左下（BL）"：以指定为基线的点左对齐文字。此选项只适用于水平方向的文字。

（13）"中下（BC）"：以指定为基线的点居中对齐文字。此选项只适用于水平方向的文字。

（14）"右下（BR）"：以指定为基线的点靠右对齐文字。此选项只适用于水平方向的文字。

（15）"布满（F）"：指定文字按照由两点定义的方向和一个高度值布满一个区域。只适用于水平方向的文字。文字字符串越长，字符越窄，字符高度保持不变。

单行文字的对齐方式如图 7-7 所示。

如果选择"样式（S）"命令选项，则可以设置当前文字使用的文字样式。创建的单行文字如图 7-8 所示。

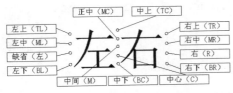

图 7-7　单行文字对其方式　　　　　图 7-8　创建单行文字

2．标注多行文字

在 AutoCAD 中，多行文字常用来标注一些段落性的文字。使用多行文字标注图形时，在多行文字中可以使用不同的字体和字号。在 AutoCAD 2017 中，执行创建多行文字命令的方法有以下 3 种：

- 【命令行】：MTEXT（MT 或 T）
- 【菜单栏】："绘图"|"文字"|"多行文字"
- 【工具面板】：

执行该命令后，命令行提示如下：

```
命令：_mtext
当前文字样式："样式 1"　　当前文字高度:30（系统提示）
指定第一角点：（在绘图窗口中指定多行文本编辑窗口的第一个角点）
指定对角点或 [高度(H)/对正(J)/行距(L)/旋转(R)/样式(S)/宽度(W)/栏(C)]：（指定多行文本编辑窗口的第二个角点）
```

其中，对于以上命令行提示的各命令选项功能介绍如下。

（1）"高度（H）"：选择该命令选项，指定用于多行文字字符的文字高度。

（2）"对正（J）"：选择该命令选项，根据文字边界确定新文字或选定文字的对齐方式和文字走向。

（3）"行距（L）"：选择该命令选项，指定多行文字对象的行距。行距是一行文字的底部（或基线）与下一行文字底部之间的垂直距离。

（4）"旋转（R）"：选择该命令选项，指定文字边界的旋转角度。

（5）"样式（S）"：选择该命令选项，指定用于多行文字的文字样式。

（6）"宽度（W）"：选择该命令选项，指定文字边界的宽度。

（7）"栏（C）"：指定多行文字对象的列选项。

- 静态。指定总栏宽、栏数、栏间距宽度（栏之间的间距）和栏高。
- 动态。指定栏宽、栏间距宽度和栏高。动态栏由文字驱动，调整栏将影响文字流，而文字流将导致添加或删除栏。
- 不分栏。将不分栏模式设置给当前多行对象。

指定第二个角点后，在绘图窗口中弹出图 7-9 所示的多行文本编辑器。

图 7-9 多行文本编辑器

如图 7-9 所示，"文字格式"编辑器用于控制多行文字的样式及文字的显示效果。其中各选项的功能介绍如下。

（1）"文字样式"下拉列表框：用于设置多行文字的文字样式。

（2）"字体"下拉列表框：用于设置多行文字的字体。

（3）"文字高度"下拉列表框：用于确定文字的字符高度。在其下拉列表中可选择文字高度或直接在下拉列表框中输入文字高度。

（4）"堆叠"按钮：单击此按钮，创建堆叠文字。例如，在多行文本编辑器中输入："%%C6+0.02^−0.02"，然后选中"+0.02^−0.02"，单击此按钮，效果如图 7-10（a）所示。如图 7-10 所示为文字堆叠的 3 种效果，其中图 7-10（b）、图 7-10（c）所示效果的原始输入格式为"%%C8H2/H5"和"41#3"。

$$\varnothing 6^{+0.02}_{-0.02} \quad \varnothing 8^{H2}_{H5} \quad 4\tfrac{1}{3}$$
（a）　　（b）　　（c）

图 7-10　文字堆叠效果

（5）"文字颜色"下拉列表框：用来设置或改变文本的颜色。

3．输入特殊字符

在 AutoCAD 中，对图形进行文字标注时，经常需要输入一些特殊字符，如角度符号（°）、直径符号（φ）、文字的上下画线和正负公差符号等。这些字符不能直接从键盘输入，但可以通过输入控制码来输入，控制码由两个百分号（%%）和一个字母组成，见表 7-3。

表 7-3　字体与图纸幅面之间关系

符　号	功　能
%%O	打开或关闭文字上划线
%%U	打开或关闭文字下划线
%%O%%U	同时打开或关闭上划线和下划线
%%D	标注度（°）符号
%%P	标正负公差（±）符号
%%C	标注直径（φ）符号

另外，在执行多行文字命令的过程中，单击多行文本"文字编辑器"功能选项卡中的"插入"面板里的"符号"按钮，弹出如图 7-11 所示的快捷菜单，选择该菜单中的相应命令，可以输入特殊字符。

值得注意的是：

（1）以上控制符（%%N）只可以用于 AutoCAD 的.SHX 字体。

（2）在 AutoCAD 中输入多行文字（T/MT）时是不支持"%%O"上划线开关和"%%U"下划线开关特殊符号的。只有单行文字（DT）支持。这一点也是多行文字跟单行文字的区别。

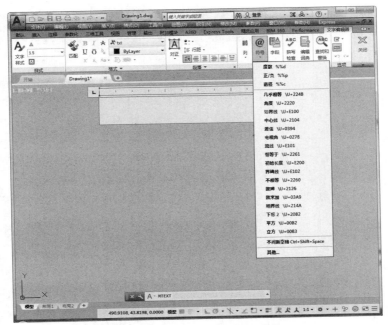

图 7-11 "文字编辑"快捷菜单

7.1.3　编辑文字

在 AutoCAD 图形中创建文字标注后，用户还可以对创建的文字标注进行编辑。编辑文字标注的方法有很多，用户可以利用编辑命令对文字进行编辑，也可以利用对象特性管理器进行编辑。

1．利用编辑命令编辑文字

执行编辑文字标注命令的方法有以下 3 种：

- 【命令行】：DDEDIT（ED）
- 【菜单栏】："修改"|"对象"|"文字"|"编辑"
- 【其他】：双击需要编辑的文字对象

如果编辑的文字对象是单行文字，执行以上命令后，被编辑的文字对象效果如图 7-12 所示，用户可以对该文本框中的文字进行修改，完成后按回车结束编辑文字命令。

如果要编辑的文字对象是多行文字，执行以上命令后，则弹出"文字编辑器"，如图 7-9 所示，用户可以在该编辑器中对多行文字的样式、字体、文字高度和颜色等属性进行编辑，完成后单击"文字格式"编辑器中的"关闭文字编辑器"按钮结束编辑文字命令。

2．利用对象特性管理器编辑文字

利用对象特性管理器可以查看 AutoCAD 中所有对象的特性，单击功能区"视图"选项卡|"选项板"面板|"特性"工具按钮，打开"特性"选项板，在图形中选中要编辑的文字对象后，该选项板中就会显示出该文字对象的内容、样式、对正方式、方向、宽度、高度和旋转等特性，选择需要编辑的选项后即可进行编辑，如图 7-13 所示。

单击"特性"功能按钮，
弹出如下所示的"特性"选项面板

图 7-12　编辑"单行文字"

图 7-13　"文字编辑"特性选项板

【例题 7-1】如图 7-14 所示，建立名为"工程图"的工程制图用文字样式，字体采用"仿宋体"，"常规"字体样式，固定字高 10 mm，宽度比例为 0.7。然后输入单行文字"图样是工程界的一种技术语言"。

具体操作步骤如下：

Step 1　在命令行输入"ST"创建文字样式，空格或回车确认，并在打开的"文字样式"对话框里进行设置，如图 7-15 所示。

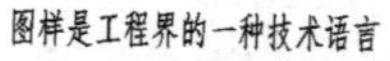

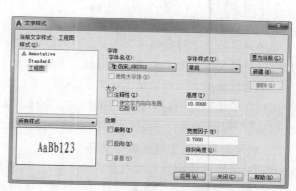

图样是工程界的一种技术语言

图 7-14　"文字标注"例图 1

图 7-15　例题"文字样式"设置 1

Step 2　在命令行输入"DT"标注单行文字，空格或回车确认，在绘图区指定文字的起点，随后指定文字的旋转角度，空格或回车确认，最后输入单行文字内容。

```
命令: dt TEXT
当前文字样式: 工程图   当前文字高度: 10.0000
指定文字的起点或 [对正(J)/样式(S)]:
指定文字的旋转角度 <0>:
```

【例题 7-2】输入图 7-16 所示的文字和符号。

具体操作步骤如下：

　Step 1　在命令行输入"ST"创建文字样式，空格或回车确认，并在打开的"文字样式"对话框里进行设置，如图 7-17 所示。

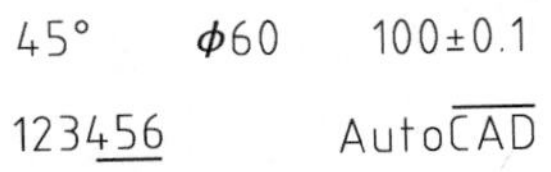

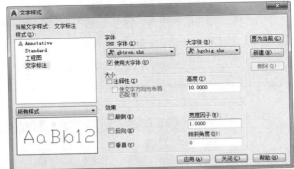

45°　　φ60　　100±0.1

123456　　Auto‾CAD

图 7-16　"文字标注"例图 2

图 7-17　例题"文字样式"设置 2

　Step 2　在命令行输入"DT"标注单行文字，空格或回车确认，在绘图区指定文字的起点，随后指定文字的旋转角度，空格或回车确认，最后输入单行文字内容。

```
命令: dt TEXT
当前文字样式: 工程图   当前文字高度: 10.0000
指定文字的起点或 [对正(J)/样式(S)]:
指定文字的旋转角度 <0>:
```

7.2　创建与编辑表格

在 AutoCAD 2017 中，用户可以直接在绘图窗口中创建表格并对其进行编辑。另外，还可以从 Microsoft Excel 中直接复制表格，并将其作为 AutoCAD 表格对象粘贴到图形中。此外，还可以输出来自 AutoCAD 的表格数据，以供在 Microsoft Excel 或其他应用程序中使用。

7.2.1　创建表格样式

与文字标注一样，AutoCAD 中的表格也与表格样式相关联。创建表格样式可以设置表格的标题栏与数据栏中文字的样式、高度、颜色以及单元格的长度、宽度和边框特性。执行创建表格样式命令的方法有以下两种：

- 【命令行】：TABLESTYLE（TS）
- 【菜单栏】："格式"|"表格样式"

执行该命令后，弹出"表格样式"对话框，如图 7-18 所示。

单击该对话框中的"新建"按钮，弹出"创建新的表格样式"对话框，如图 7-19 所示。在该对话框中的"新样式名"文本框中输入新建表格样式的名称，在"基础样式"下拉列表中选择一个表格样式作为基础样式，然后单击"继续"按钮，弹出"新建表格样式：User1"对话框，如图 7-20 所示。

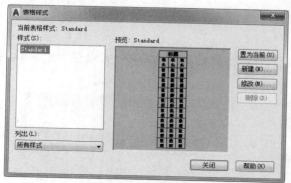

图 7-18 "表格样式"对话框

图 7-19 "创建新的表格样式"对话框

图 7-20 "新建表格样式：User1"对话框

在该对话框中有"起始表格"、"常规"、"单元样式"和"单元样式预览"等选项列表，利用这 3 个选项卡列表可以设置表格数据单元格、列标题单元格和标题单元格的属性，以及单元格的长、宽和边框属性。属性设置完成后，单击该对话框中的"确定"按钮即可完成表格样式的设置。

① "起始表格"选项组。

使用户可以在图形中指定一个表格用作样例来设置此表格样式的格式。选择表格后，可以指定要从该表格复制到表格样式的结构和内容。

使用"删除表格"图标，可以将表格从当前指定的表格样式中删除。

② "常规（表格方向）"选项组。

设置表格方向，定义新的表格样式或修改现有表格样式。

向下：标题行和列标题行位于表格的顶部，将创建由上而下读取的表格。单击"插入行"并单击"下"时，将在当前行的下面插入新行。

向上：标题行和列标题行位于表格的底部，将创建由下而上读取的表格。单击"插入行"并单击"上"时，将在当前行的上面插入新行。

③　"单元样式"选项组。

定义新的单元样式或修改现有单元样式，可以创建任意数量的单元样式。该选项卡列表包括：

- "单元样式"下拉列表，显示表格中的单元样式，可对标题、表头和数据进行样式设置。
- "创建单元样式"按钮：启动"创建新单元样式"对话框。
- "管理单元样式"按钮：启动"管理单元样式"对话框。

通过"文字"、"边框"选项卡，可以设置数据单元、单元文字和单元边框的外观。

- "页边距"：控制单元边框和单元内容之间的间距。单元边距设置应用于表格中的所有单元。默认设置为 0.06（英制）和 1.5（公制）。

"水平"：设置单元中的文字或块与左右单元边框之间的距离。

"垂直"：设置单元中的文字或块与上下单元边框之间的距离。

- "创建行/列时合并单元"：将使用当前单元样式创建的所有新行或新列合并为一个单元。可以使用此选项在表格的顶部创建标题行。
- "单元样式预览"：显示当前表格样式设置效果的样例。

7.2.2　创建表格

执行绘制表格命令的方式有以下 3 种：

- 【命令行】：TABLE（TB）
- 【菜单栏】："绘图"|"表格"
- 【工具面板】：▦ 表格

执行该命令后，弹出"插入表格"对话框，如图 7-21 所示。

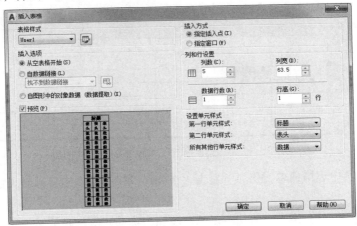

图 7-21　"插入表格"对话框

该对话框中各选项功能介绍如下。

（1）"表格样式"选项组：设置表格的外观，可以在"表格样式名称"下拉列表框中指定表格样式名，或单击该下拉列表框右边的"表格样式"对话框按钮，在弹出的"表格样式"对话框中新建或修改表格样式。

（2）"插入方式"选项组：指定表格的插入位置，其中包括"指定插入点"和"指定窗口"两种方式。

（3）"列和行设置"选项组：设置列和行的数目以及列宽和行高。

各项参数设置完成后，单击"确定"按钮关闭该对话框，在绘图窗口中指定表格的插入点即可。插入表格后就可以向表格输入数据了，表7-4所示即为在AutoCAD中创建的表格。

表7-4　创建表格

零件编号及其明细表					
序号	图号	名称	数量	材料	备注
1	6101	轴承	1		GB/T 297—2015
2	6510	轴	1	45	
3	6240	箱体	1	HT150	
4	6305	垫片	1	毛毡	
5	6701	螺栓	1	Q235	GB/T 5780—2016
6	6812	端盖	1	HT150	

7.2.3　编辑表格和单元格

在表格中输入文字时，还可以利用"文字格式"编辑器对表格中的内容进行编辑，如图7-22所示。在"文字格式"编辑器中，可以设置表格内容的样式、对齐方式、字体、字号等属性。

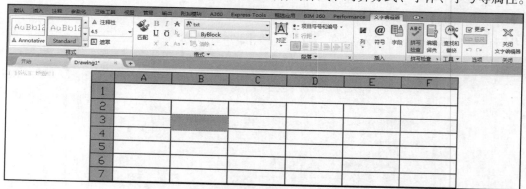

图7-22　利用"文字格式"编辑器编辑表格内容

另外，当用户选中表格或单元格时，右击，在弹出的快捷菜单中可以对表格或单元格进行编辑，如图7-23所示。

利用快捷菜单可以对表格进行剪切、复制、删除、移动、缩放和旋转等简单操作，还可以均匀调整表格的行、列大小，删除所有特定替代等。当一次选中多个单元格时，还可以利用图7-23（b）所示的快捷菜单对选中的表格进行合并，从而创建出多种形式的表格。

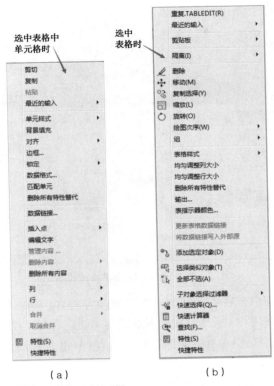

图 7-23 选中表格和单元格时的快捷菜单

> 📍 **提示：** 选中表格或单元格，利用"对象特性"选项板也可以快速对表格和单元格进行编辑。

【例题 7-3】创建图 7-24 所示的表格，并在单元格中输入文字。

具体操作步骤如下：

Step 1 在命令行输入"TS"创建表格样式，空格或回车确认，并在打开的"表格样式"对话框里单击"新建"按钮，弹出"创建新的表格样式"对话框，如图 7-25 所示。

零件编号及其明细表					
序号	图号	名称	数量	材料	备注
1	6101	轴承	1		GB/T 297—2015
2	6510	轴	1	45	
3	6240	箱体	1	HT150	
4	6305	垫片	1	毛毡	
5	6701	螺栓	1	Q235	GB/T 5780—2016
6	6812	端盖	1	HT150	

图 7-24 效果图

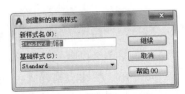

图 7-25 "创建新的表格样式"对话框

Step 2 单击该对话框中的"继续"按钮，弹出"新建表格样式：Standard 副本"对话框，在该对话框中"单元样式"下拉列表中选择"数据"选项。单击"文字"选项卡中"文字样式"下拉列表后的按钮，弹出"文字样式"对话框，如图 7-26 所示。

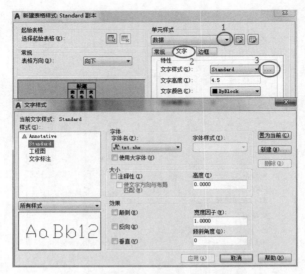

图 7-26　创建新的表格样式设置

在"文字样式"对话框中新建名称为"样式 1"的文字样式，如图 7-27 所示。设置好后，单击该对话框中的"应用"按钮和"关闭"按钮后返回到"新建表格样式：Standard 副本"对话框。

Step 3　在"新建表格样式：Standard 副本"对话框中的"文字样式"下拉列表中选择"样式 1"选项，如图 7-28 所示。

图 7-27　"文字样式"对话框

图 7-28　设置数据行参数

Step 4　在"新建表格样式：Standard 副本"对话框中的"单元样式"下拉列表中选择"表头"选项，如图 7-29 所示。

Step 5　在"新建表格样式：Standard 副本"对话框中的"单元样式"下拉列表中选择"标题"选项，设置该选项卡中的参数如图 7-30 所示。

Step 6　单击"确定"按钮后返回到"表格样式"对话框，在该对话框的表格样式列表中选中新建的表格样式"副本 Standard"，然后单击"置为当前"按钮将其设置为当前表格样式，如图 7-31 所示。

Step 7　单击"确定"按钮后在绘图窗口中指定一点插入创建的表格，同时系统弹出"文字格式"编辑器，如图 7-32 所示。

图 7-29　"列标题"设置　　　　　　图 7-30　设置"标题"数据参数

Step 8　参照图 7-24 所示，在创建的表格中输入数据，利用"文字格式"编辑器对输入的数据格式进行编辑，再利用"对象特性"选项板调整单元格大小，或者通过夹点拖拉的方法进行调整。最终效果如图 7-24 所示。

Step 9　单击 AutoCAD 2017 功能区"默认"选项卡中"注释"面板里的"表格"按钮，弹出"插入表格"对话框，在该对话框中设置插入表格参数如图 7-33 所示。

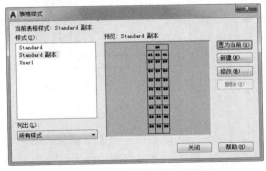

图 7-31　"表格样式"对话框

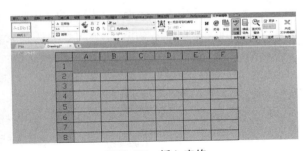

图 7-32　插入表格

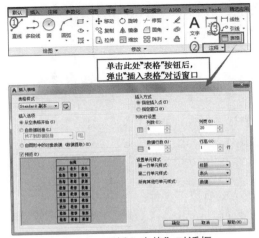

图 7-33　"插入表格"对话框

第8章 尺寸标注

在工程制图中，图形仅表示物体的形状，而物体结构形状的大小和相互位置需用尺寸表示。用 AutoCAD 绘制工程图时尺寸标注方法应符合国家标准的规定。

8.1 尺寸的组成

通常一个完整的尺寸由尺寸线、尺寸界线、尺寸箭头和尺寸文字四部分组成。AutoCAD 一般将构成尺寸的尺寸线、尺寸界线、尺寸箭头和尺寸文字按一个块处理。因此，一个尺寸通常是一个对象，如图 8-1 所示。

尺寸线：尺寸线用于表示尺寸标注的范围，一般是一条带有双箭头的线段。标注角度时，尺寸线是圆弧线。

尺寸界线：通常要利用尺寸界线将标注的尺寸引到被标注对象之外，但有时也直接用图形的轮廓线、对称线或中心线代替尺寸界线。

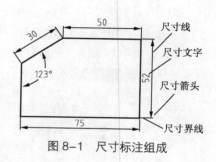

图 8-1　尺寸标注组成

尺寸箭头：尺寸箭头位于尺寸线的两端，用于标记尺寸标注的起始和终止位置。这里的箭头是一个广义概念，可以根据需要用斜短画、点或其他标记代替尺寸箭头，还可以用块作为尺寸箭头。

尺寸文字：尺寸文字用于标注尺寸值。尺寸文字不仅可以反映基本尺寸，而且还可以包含尺寸公差，或按极限尺寸形式标注。如果尺寸界线内没有足够的空间放尺寸文字，可以将其移到尺寸界线之外。

8.2 标注样式

8.2.1 定义

标注样式用于设置尺寸的标注形式，如尺寸文字的样式，尺寸线、尺寸界线和尺寸箭头的设置等，以满足用户的标注要求。

8.2.2 命令调用

执行"标注样式"命令的方式有以下 3 种：

- 【命令行】：DIMSTYLE（D）
- 【菜单栏】："标注"|"标注样式"

● 【工具面板】：

执行"D"标注样式命令，弹出"标注样式管理器"对话框，如图 8-2 所示。

（1）"当前标注样式"：显示当前所使用的标注样式的名称。

（2）"样式"：列出已创建的标注样式的名称。

（3）"列出"：确定在"样式"列表框中要列出哪些标注样式。

（4）"预览"：预览在"样式"列表框中所选中标注样式的标注效果。

（5）"说明"：显示在"样式"列表框中所选中标注样式的说明(如果有的话)。

（6）"置为当前"：将指定的标注样式置为当前标注样式。

（7）"新建"按钮：创建新标注样式。

（8）"修改"按钮：修改已有标注样式。

（9）"替代"按钮：设置当前样式的替代样式。

（10）"比较"按钮：对两个标注样式进行比较，或了解某一样式的全部特性。单击"比较"按钮，弹出"比较标注样式"对话框。对话框中，如果在"比较"和"与"两个下拉列表中选择了不同的样式，AutoCAD 会在大列表框中显示出它们之间的区别；如果选择了相同的样式，则在大列表框中显示出该样式的全部特性，如图 8-3 所示。

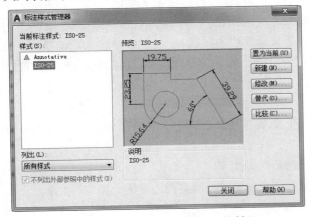

图 8-2 "标注样式管理器"对话框

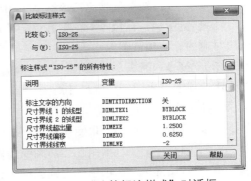

图 8-3 "比较标注样式"对话框

8.2.3 创建标注样式

用户可以创建标注样式，以快速指定标注的格式，并确保标注符合国家标准或行业和项目标准。

在"标注样式管理器"对话框的右侧，单击"新建"按钮，弹出"创建新标注样式"对话框（见图 8-4），并在话框的"新样式名"后的文本框里输入新样式的名称并进行相关设置后，单击"继续"按钮，弹出"新建标注样式"对话框（见图 8-5）。

图 8-4 "创建新标注样式"对话框

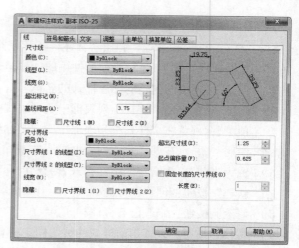

图 8-5 "线"选项卡

以下针对"新建标注样式"对话框中各选项卡的功能作详细介绍。

（1）"线"选项卡

该选项卡主要用于设置尺寸线和尺寸界线的格式与属性，各选项含义如下。

① "尺寸线"选项组：该选项组用于设置尺寸线的样式。

② "尺寸界线"选项组：该选项组用于设置尺寸界线的样式。

③ 预览窗口：在位于对话框右上角的预览窗口内，AutoCAD 会根据当前的标注样式设置显示出对应的标注预览图像。

（2）"符号和箭头"选项卡

该选项卡主要用于设置尺寸箭头、圆心标记、弧长符号以及半径标注折弯等的格式，如图 8-6所示，各选项含义如下。

① "箭头"选项组：确定位于尺寸线两端的箭头样式。

② "圆心标记"选项组：当对圆或圆弧标注圆心标记时，确定圆心标记的类型与大小。

③ "弧长符号"选项组：为圆弧标注长度尺寸。

④ "半径折弯标注"选项组：半径折弯标注用于标注当圆弧圆心位于较远位置时折弯了的半径尺寸。

（3）"文字"选项卡

该选项卡主要用于设置尺寸文字的外观、位置以及对齐方式等，如图 8-7 所示，各选项含义如下。

① "文字外观"选项组：设置尺寸文字的样式等。

② "文字位置"选项组：设置尺寸文字的位置。

③ "文字对齐"选项组：此选项组用于确定尺寸文字的对齐方式。

（4）"调整"选项卡

"调整"选项卡用于控制尺寸文字、尺寸线以及尺寸箭头等的位置和其他一些特征，如图 8-8所示，各选项含义如下。

图 8-6 "符号和箭头"选项卡

图 8-7 "文字"选项卡

① "调整选项"选项组：当尺寸界线之间没有足够的空间同时放置尺寸文字和箭头时，确定应首先从尺寸界线之间移出尺寸文字和箭头的哪一部分，用户可通过该选项组中的各单选按钮进行选择。

② "文字位置"选项组：确定当尺寸文字不在默认位置时，应将其放在何处。

③ "标注特征比例"选项组：用于设置所标注尺寸的缩放关系。

④ "优化"选项组：该选项组用于设置标注尺寸时是否进行附加调整。

（5）"主单位"选项卡

该选项卡主要设置主单位的格式、精度以及尺寸文字的前缀和后缀，如图 8-9 所示，各选项含义如下。

① "线性标注"选项组：设置线性标注时的格式与精度。

② "角度标注"选项组：确定标注角度尺寸时的单位、精度以及是否消零。

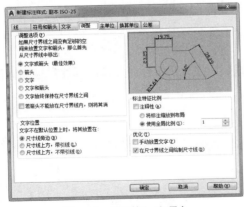

图 8-8 "调整"选项卡

图 8-9 "主单位"选项卡

（6）"换算单位"选项卡

该选项卡主要是用于控制是否显示经过换算后标注文字的值，指定主单位和换算单位之间的换算因子，即通过线性距离与换算因子相乘确定出换算单位的数值，以及控制换算单位相对于主

187

单位的位置（主值后或主值下），如图 8-10 所示，各选项含义如下。

①　"显示换算单位"复选框：用于确定是否在标注的尺寸中显示换算单位。选中复选框显示，否则不显示。

②　"换算单位"选项组：当显示换算单位时，确定换算单位的单位格式、精度等设置。

③　"消零"选项组：确定是否消除换算单位的前导或后续零。

④　"位置"选项组：确定换算单位的位置。

（7）"公差"选项卡

该选项卡用来确定是否标注公差，以及标注公差时，以何种方式进行标注，如图 8-11 所示，各选项含义如下。

图 8-10　"换算单位"选项卡

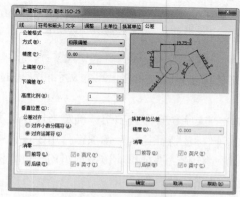

图 8-11　"公差"选项卡

①　"公差格式"选项组：确定公差的标注格式。

②　"换算单位公差"选项组：当标注换算单位时，确定换算单位公差的精度以及是否消零。

8.3　标注尺寸

8.3.1　形式

尺寸标注有线性标注、对齐标注、半径标注、直径标注、角度标注、基线标注和连续标注等多种形式，用户可以根据实际绘图需求进行选择操作。

8.3.2　线性尺寸标注

线性尺寸标注是指标注图形对象沿水平方向、垂直方向或指定方向的尺寸，分别将它们称为水平标注、垂直标注和旋转标注。

执行"线性尺寸标注"命令的方式有以下 3 种：

- 【命令行】：DIMLINEAR（DLI）
- 【菜单栏】："标注" | "线性"
- 【工具面板】：线性

执行"线性尺寸标注（DLI）"命令，AutoCAD 提示：

指定第一条尺寸界线原点或 <选择对象>:

（1）指定第一条尺寸界线原点

用户如果在"指定第一条尺寸界线原点或 <选择对象>:"提示下直接确定第一条尺寸界线的起点，AutoCAD 提示：

指定第二条尺寸界线原点: 　　　//指定尺寸第二条界线的起点位置
指定尺寸线位置或[多行文字(M)/文字(T)/角度(A)/水平(H)/垂直(V)/旋转(R)]:

① 指定尺寸线位置。确定尺寸线的位置。

② "多行文字（M）"：利用文字编辑器输入尺寸文字。

③ "文字（T）"：输入尺寸文字。执行该选项，AutoCAD 提示：

输入标注文字: 　　　　　　//输入尺寸文字
指定尺寸线位置或[多行文字(M)/文字(T)/角度(A)/水平(H)/垂直(V)/旋转(R)]:
　　　　　　　　　　　　//确定尺寸线的位置或进行其他设置

④ "角度（A）"：确定尺寸文字的旋转角度。执行该选项，AutoCAD 提示：

指定标注文字的角度: 　　　　//输入文字的旋转角度
指定尺寸线位置或[多行文字(M)/文字(T)/角度(A)/水平(H)/垂直(V)/旋转(R)]:
　　　　　　　　　　　　//确定尺寸线的位置或进行其他设置

⑤ "水平（H）"：标注水平尺寸，即沿水平方向的尺寸。执行该选项，AutoCAD 提示：

指定尺寸线位置或 [多行文字(M)/文字(T)/角度(A)]: 　　　//确定尺寸线的位置或进行其他设置

⑥ "垂直（V）"：标注垂直尺寸，即沿垂直方向的尺寸。执行该选项，AutoCAD 提示：

指定尺寸线位置或 [多行文字(M)/文字(T)/角度(A)]: 　　　//确定尺寸线的位置或进行其他设置

⑦ "旋转（R）"：旋转标注，即标注沿指定方向的尺寸。执行该选项，提示：

指定尺寸线的角度: 　　　　　//确定尺寸线的旋转角度
指定尺寸线位置或[多行文字(M)/文字(T)/角度(A)/水平(H)/垂直(V)/旋转(R)]:
　　　　　　　　　　　　//确定尺寸线的位置或进行其他设置

（2）选择对象

以选择图形对象的方式为其标注尺寸。选择此功能操作，类似于快速标注。

8.3.3　对齐尺寸标注

对齐标注是线性标注尺寸的一种特殊形式。在对直线段进行标注时，如果该直线的倾斜角度未知，那么使用线性标注方法将无法得到准确的测量结果，这时可以使用对齐标注。对齐尺寸标注中，尺寸线与两尺寸界线起点的连线相平行。

执行"对齐尺寸标注"命令的方式有以下 3 种：

- 【命令行】：DIMLINEAR（DAL）
- 【菜单栏】："标注"|"对齐"
- 【工具面板】：对齐

执行 DIMALIGNED，AutoCAD 提示：

指定第一条尺寸界线原点或 <选择对象>:

在此提示下的操作与线性尺寸标注的操作相同，只不过得到的标注结果是：尺寸线与两尺寸界线起点的连线平行。

8.3.4　半径尺寸标注

半径尺寸标注中，可以对圆或圆弧进行标注。

执行"半径尺寸标注"命令的方式有以下 3 种：

- 【命令行】：DIMRADIUS（DRA）
- 【菜单栏】："标注" | "半径"
- 【工具面板】：⊙ 半径 ·

执行 DIMRADIUS 命令，AutoCAD 提示：

选择圆弧或圆：　　　//选择圆或圆弧
指定尺寸线位置或 [多行文字(M)/文字(T)/角度(A)]：

8.3.5　直径尺寸标注

直径尺寸标注中，可以对圆或圆弧进行标注。

执行"直径尺寸标注"命令的方式有以下 3 种：

- 【命令行】：DIMDIAMETER（DDI）
- 【菜单栏】："标注" | "直径"
- 【工具面板】：⊘ 直径 ·

执行 DIMDIAMETER 命令，AutoCAD 提示：

选择圆弧或圆：　　　//选择圆或圆弧
指定尺寸线位置或 [多行文字(M)/文字(T)/角度(A)]：

8.3.6　角度尺寸标注

角度尺寸标注中，可以测量圆和圆弧的角度、两条
直线间的角度，或者三点间的角度，如图 8-12 所示。

执行"角度尺寸标注"命令的方式有以下 3 种：

- 【命令行】：DIMANGULAR（DAN）
- 【菜单栏】："标注" | "角度"
- 【工具面板】：△ 角度 ·

图 8-12　角度尺寸标注

执行 DIMANGULAR 命令，AutoCAD 提示：

选择圆弧、圆、直线或 <指定顶点>：

此时可以为圆弧、圆上某一段圆弧、两条不平行的直线标注角度；或根据给定的 3 点标注
角度。

8.3.7　弧长尺寸标注

弧长尺寸标注中，可以对圆弧线段或多段线圆弧线段部分的
弧长进行标注，如图 8-13 所示。

执行"弧长尺寸标注"命令的方式有以下 3 种：

- 【命令行】：DIMARC（DAR）
- 【菜单栏】："标注" | "弧长"

图 8-13　弧长尺寸标注

● 【工具面板】：

执行 DIMARC 命令，AutoCAD 提示：

> 选择弧线段或多段线弧线段：　　//选择圆弧段
> 指定弧长标注位置或 [多行文字(M)/文字(T)/角度(A)/部分(P)/引线(L)]：

（1）"部分（P）"：为部分圆弧标注长度。

（2）"引线（L）"：为弧长尺寸标注添加引线对象。

8.3.8　折弯半径标注

折弯半径标注中，可以对圆或圆弧进行标注。

执行"折弯半径标注"命令的方式有以下 3 种：

● 【命令行】：DIMJOGGED（JOG）

● 【菜单栏】："标注"|"折弯"

● 【工具面板】：折弯

执行 DIMJOGGED 命令，AutoCAD 提示：

> 选择圆弧或圆：　　　　　　　　//选择要标注尺寸的圆弧或圆
> 指定中心位置替代：　　　　　　//指定折弯半径标注的新中心点，以替代圆弧或圆的实际中心点
> 指定尺寸线位置或 [多行文字(M)/文字(T)/角度(A)]：　//确定尺寸线的位置或进行其他设置
> 指定折弯位置：　　　　　　　　//指定折弯位置

8.3.9　基线尺寸标注

基线尺寸标注是指根据一条基线绘制的一系列相关尺寸标注，也就是所有的基线标注的第一条标注界线就是第一标注的第一条标注界线。

执行"基线尺寸标注"命令的方式有以下 3 种：

● 【命令行】：DIMBASELINE（DBA）

● 【菜单栏】："标注"|"基线"

● 【工具面板】：基线

执行 DIMBASELINE 命令，AutoCAD 提示：

> 指定第二条尺寸界线原点或 [放弃(U)/选择(S)] <选择>：

（1）指定第二条尺寸界线原点：确定下一个尺寸的第二条尺寸界线的起点。确定后 AutoCAD 按基线标注方式标注出尺寸，而后继续提示：

> 指定第二条尺寸界线原点或 [放弃(U)/选择(S)]<选择>：

此时可以再确定下一个尺寸的第二条尺寸界线起点位置。

（2）"放弃（U）"：放弃前一次操作。

（3）"选择（S）"：该选项用于指定基线尺寸标注时作为基线的尺寸界线。

8.3.10　连续尺寸标注

从前一尺寸标注的第二条标注界线进行连续标注，也就是说连续标注的第一条标注界线是前一标注的第二条标注界线。

执行"连续尺寸标注"命令的方式有以下 3 种：

- 【命令行】：DIMCONTINUE（DCO）
- 【菜单栏】："标注"|"连续"
- 【工具面板】：⟦連续⟧

执行 DIMCONTINUE 命令，AutoCAD 提示：

指定第二条尺寸界线原点或 [放弃(U)/选择(S)] <选择>：

（1）指定第二条尺寸界线原点：确定下一个尺寸的第二条尺寸界线的起始点。系统响应后，AutoCAD 按连续标注方式标注出尺寸，即把上一个尺寸的第二条尺寸界线作为新尺寸的第一条尺寸界线标注尺寸，而后 AutoCAD 继续提示：

指定第二条尺寸界线原点或 [放弃(U)/选择(S)]<选择>：

此时可以再确定下一个尺寸的第二条尺寸界线的起点位置。

（2）"放弃（U）"：放弃前一次操作。

（3）"选择（S）"：该选项用于指定连续尺寸标注将从哪一个尺寸的尺寸界线引出。

8.3.11　引线标注

从标注对象开始绘制一组相连的直线或样条曲线（称为引线）与标注文字连接。在 AutoCAD 2017 中，引线标注有快速引线和多重引线两种方式。

1．快速引线

执行"快速引线标注"命令可以通过在命令行里输入"QLEADER"（快捷键【Q】或【LE】），在命令行提示栏中接着输入"S"并确定，即可打开"引线设置"对话框，以设置适合绘图需要的引线点数和注释类型。

执行"LE"命令，AutoCAD 命令行提示"指定第一个引线点或 [设置(S)] <设置>："。

（1）"设置（S）"

设置引线标注的格式。执行该选项，弹出"引线设置"对话框，如图 8-14 所示。其中，"注释"选项卡用于设置引线标注的注释类型、多行文字选项以及确定是否重复使用注释。

"引线和箭头"选项卡用于设置引线和箭头的格式（见图 8-15），"附着"选项卡用于确定注释为多行文字时，文字相对于引线终点的位置（见图 8-16）。

图 8-14　"注释"选项卡

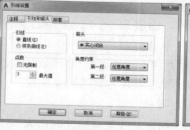

图 8-15　"引线和箭头"选项卡

图 8-16　"附着"选项卡

（2）指定第一个引线点

执行"LE"命令后，"指定第一个引线点或 [设置(S)]："提示中的"指定第一个引线点"默认项用于确定引线的起始点。执行默认项，即确定引线的起始点，AutoCAD 提示：

指定下一点：

此时应确定引线的下一点位置。根据用户设置的引线点的数目，将连续提示用户指定一系列点，任意时刻输入回车，将中断连续取点过程并进入下一步操作。

（3）指定文字宽度

在完成上述操作后，命令提示"指定文字宽度 <0>:"。要禁用这一选项可以在"引线设置"对话框中选择"注释"选项卡，取消"提示输入宽度"多行文字选项。

（4）输入注释文字

完成以上操作后，命令提示"输入注释文字的第一行 <多行文字（M）>:"。输入该行文字，按回车根据需要输入新的文字行。用户也可以直接按回车或输入关键字"M"，启用多行文字编辑器编辑多行文字。

完成以上命令操作后，文字注释将成为多行文字对象。此外，用户要在"LE"命令中创建其他类型的注释对象，可以在"引线设置"对话框中的"注释"选项卡中的 "注释类型"指定注释格式，如图 8-14 所示。

- 如果在"注释"选项卡上选择了"复制对象"，将显示以下信息："选择要复制的对象:"。选择文字对象、块参照或公差对象，对象将附着到引线上。
- 如果在"注释"选项卡上选择了"公差"，将显示"形位公差"对话框。使用此对话框创建公差特征控制框。如果选择"确定"，特征控制框将附着到引线上。
- 如果在"注释"选项卡上选择了"块参照"，将调用"INSERT"命令提示用户创建块参照对象并附着到引线上。

2．绘制多重引线

（1）概念

多重引线是快速引线 （LE）功能的延伸，它可以方便地为序号标注添加多个引线，可以合并或对齐多个引线标注，在建筑图、装配图和组装图等方面有十分重要的作用。

多重引线对象由内容、基线、引线和箭头四个基本部分组成，如图 8-17 所示。各部分的设置都比较灵活；基线是可选的，用户可在多重引线样式中设置基线的长度；引线也是可选的，当使用引线时，可以将引线设置为直线或样条典线；箭头的风格和大小也可以在多重引线样式中设置。由于多重引线作为一个统一的标注整体，所以修改和调整都很方便。

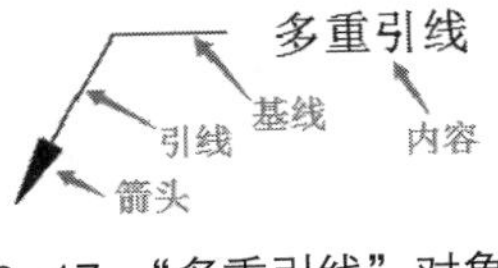

图 8-17　"多重引线"对象组成

（2）命令调用

执行"引线标注"命令的方式有以下 4 种：

- 【命令行】：MLEADER
- 【菜单栏】："标注"|"多重引线"
- 【工具面板 1】： 
- 【工具面板 2】：

（3）多重引线样式

可以为多重引线定义多种样式，在创建多重引线时方便地调用相应的样式，通过样式来控制多重引线的格式和视觉较果。

执行"多重引线样式"命令主要有以下 3 种方式：

- 【命令行】：MLEADERSTYLE（MLS）
- 【工具面板 1】：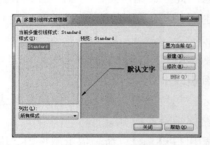
- 【工具面板 2】：

执行"MLS"多重引线样式设置命令后，打开"多重引线样式管理器"对话框，如图 8-18 所示。不论是"新建"或是"修改"多重引线样式的设置，其设置跟标注样式比起来要简单得多，只有三个选项卡，而且每个选项卡的参数并不多，如图 8-19 所示。

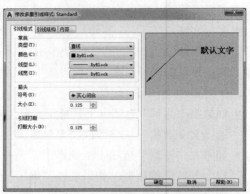

图 8-18　"多重引线样式管理器"对话框　　图 8-19　"多重引线样式设置"对话框

（4）多重引线标注

① 添加引线：利用添加引线功能可以方便地为多重引线添加多条引线，如图 8-20 所示。

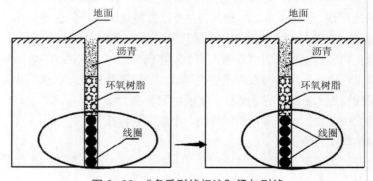

图 8-20　"多重引线标注"添加引线

Step1.　执行"多重引线标注"命令时，对"线圈"进行多重引线标注；

Step2.　在"注释"选项卡中的"引线"面板里单击"添加引线"按钮，对"线圈"多线引线标注进行添加引线操作，如果引线添加错了，可以用删除引线功能删除多重引线对象上的引线。

② 引线对齐：当创建了多个引线后，可以利用引线对齐功能将引线排列整齐，让图片更加整洁漂亮，如图 8-21 所示 。

Step1.　执行多重引线"对齐"命令，命令行提示"选择多重引线"，选择所需对齐的多重引线；

Step2.　在选择所需对齐的多重引线后，回车或空格确认，命令行里提示"选择要对齐到的多重引线或[选项（O）]"；

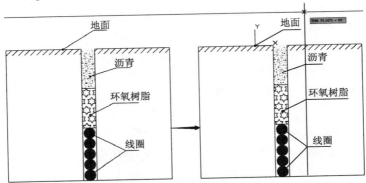

图 8-21 "多重引线标注"对齐

Step3. 在选择要对齐的多重引线后，命令行里提示"指定方向"，则通过移动鼠标实现对齐的位置方向，完成对齐。

③ 引线合并：当部件之间关联密切，而且空间相对有限时，可使用"合并"功能将多个多重引线对象合并为一个，如图 8-22所示。

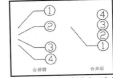

图 8-22 "多重引线标注"合并

Step1. 执行多重引线"合并"命令，命令行提示"选择多重引线"，选择所需合并的多重引线；

Step2. 在选择所需合并的多重引线后，回车或空格确认，命令行提示"指定收集的多重引线位置或 [垂直（V）/水平（H）/缠绕（W）] <垂直>："；

Step3. 在命令行里输入"V"，回车或空格确认，再通过移动鼠标指定多重引线位置，完成合并。

8.3.12 快速标注

可以选择多个对象快速创建一系列标注。

执行"快速标注"命令的方式有以下 3 种：

- 【命令行】：QDIM
- 【菜单栏】："标注" | "快速标注"
- 【工具面板】：🗹快速

执行 QDIM 命令后，AutoCAD 提示：

选择要标注的几何图形：

指定尺寸线位置或 [连续(C)/并列(S)/基线(B)/坐标(O)/半径(R)/直径(D)/基准点(P)/编辑(E)/设置(T)] <连续>：

8.3.13 公差标注

要使零件制造加工的尺寸绝对准确，实际上是做不到的。但是为了保证零件的互换性，设计时根据零件的使用要求而制订的允许尺寸的变动量，称为尺寸公差，简称公差。常见的公差有两种形式：对称公差和极限公差。

执行"公差标注"命令的方式有以下2种：

（1）在"标注样式管理器"进行设置。

进入"标注样式管理器"，在这选择"新建"，进入"新建标注样式"对话框，切换到"公差"选项卡，这里可以设置标注方面关于公差的内容。关于"公差"选项设置说明，见上述"创建标注样式"章节内容介绍。

（2）通过"ED空格"操作

如果要比较方便的标注公差，单击选中用户要标注公差的尺寸，然后键盘按"ED空格"（英文输入法状态下），然后会出现一个"文字格式"窗口，输入想要标注的上下公差数值，如："◇+0.5^-0.3"，然后选中刚才所输入的上下公差数值"◇+0.5^-0.3"，最后单击窗口上的"b/a"堆叠的按钮即可，如图8-23所示。

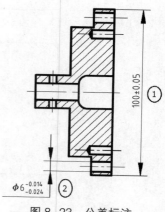

图8-23　公差标注

8.4　编辑尺寸

在AutoCAD绘图中，编辑尺寸标注，可以修改标注的文字及位置，也可使标注界线倾斜指定的角度，可同时修改多个标注。

8.4.1　修改尺寸文字及公差

执行"修改尺寸文字"命令的方式有以下2种：

● 【命令行】：DDEDIT

● 【菜单栏】："修改"|"对象"|"文字"|"编辑"

执行"DDEDIT"命令，AutoCAD命令行里提示"选择注释对象或 [放弃（U）]："。

在此提示下选择已有的尺寸，AutoCAD弹出文字编辑器，且所选择尺寸的尺寸文字为编辑模式，如图8-24所示。通过编辑器可以修改尺寸文字及公差。

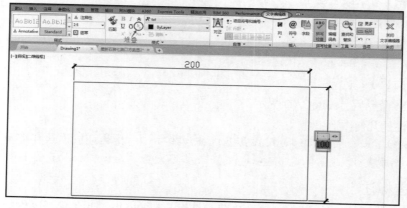

图8-24　尺寸文字编辑

8.4.2　修改尺寸文字的位置

执行"修改尺寸文字的位置"命令的方式有以下 2 种：

- 【命令行】：DIMTEDIT

- 【工具面板】：

执行 DIMTEDIT 命令，AutoCAD 提示"选择标注："，则选择要修改的尺寸对象。此时，命令行里又出现如下信息提示：

> 指定标注文字的新位置或 [左(L)/右(R)/中心(C)/默认(H)/角度(A)]：

（1）指定标注文字的新位置：确定尺寸文字的新位置。

（2）"左（L）"、"右（R）"：仅对非角度标注起作用，分别确定尺寸文字沿尺寸线左对齐还是右对齐。

（3）"中心（C）"：用于将尺寸文字放在尺寸线的中间。

（4）"默认（H）"：用于按默认位置、默认方向放置尺寸文字。

（5）"角度（A）"：使尺寸文字旋转一定的角度。

8.4.3　编辑尺寸

执行"编辑尺寸"命令的方式有以下 2 种：

- 【命令行】：DIMEDIT

- 【工具面板】：

执行"DIMEDIT"命令，AutoCAD 提示：

> 输入标注编辑类型 [默认(H)/新建(N)/旋转(R)/倾斜(O)] <默认>：

（1）"默认（H）"：按默认位置和方向放置尺寸文字。

（2）"新建（N）"：修改尺寸文字。

（3）"旋转（R）"：将尺寸文字旋转指定的角度。

（4）"倾斜（O）"：使非角度标注的尺寸界线旋转指定的角度。

【例题 8-1】绘制图 8-25 所示图形，并按要求标注尺寸。

具体操作步骤如下：

> Step 1　绘制图 8-25 所示的基本图形

```
命令：l LINE 指定第一点：
指定下一点或 [放弃(U)]：100
指定下一点或 [放弃(U)]：200
指定下一点或 [闭合(C)/放弃(U)]：c

命令：l LINE 指定第一点：
指定下一点或 [放弃(U)]：100
指定下一点或 [放弃(U)]：200
指定下一点或 [闭合(C)/放弃(U)]：c
命令：sc SCALE
```

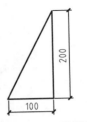

图 8-25　线性和对齐尺寸标注

```
选择对象：指定对角点：找到 3 个
选择对象：
指定基点：
指定比例因子或 [复制(C)/参照(R)] <1.0000>： r
指定参照长度 <1.0000>： 指定第二点：
指定新的长度或 [点(P)] <1.0000>： 225
```

Step 2 创建标注样式并对图形进行尺寸标注

① 在命令行里输入调用标注样式管理器的命令"D"，在打开的标注样式管理器里创建一个"线性和对齐标注"样式，如图 8-26 ~ 图 8-28 所示。

② 在命令行里分别输入线性标注命令"DLI"和对齐标注命令"DAL"对所绘制的几何图形进行尺寸标注。具体操作如下：

```
命令：dli DIMLINEAR
指定第一条尺寸界线原点或 <选择对象>：
指定第二条尺寸界线原点：
指定尺寸线位置或
[多行文字(M)/文字(T)/角度(A)/水平(H)/垂直(V)/旋转(R)]：
标注文字 = 100
命令： DIMLINEAR
指定第一条尺寸界线原点或 <选择对象>：
指定第二条尺寸界线原点：
指定尺寸线位置或
[多行文字(M)/文字(T)/角度(A)/水平(H)/垂直(V)/旋转(R)]：
标注文字 = 200
命令：dal DIMALIGNED
指定第一条尺寸界线原点或 <选择对象>：
指定第二条尺寸界线原点：
指定尺寸线位置或
[多行文字(M)/文字(T)/角度(A)]：
标注文字 = 225
```

图 8-26 "创建新标注样式"

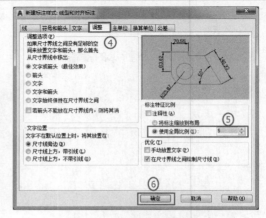

图 8-27 "调整"选项卡

图 8-28　"线性和对齐标注"样式置为当前

【例题 8-2】绘制图 8-29 所示图形，并按要求标注尺寸。

具体操作步骤如下：

Step 1　绘制图 8-29 所示的基本图形

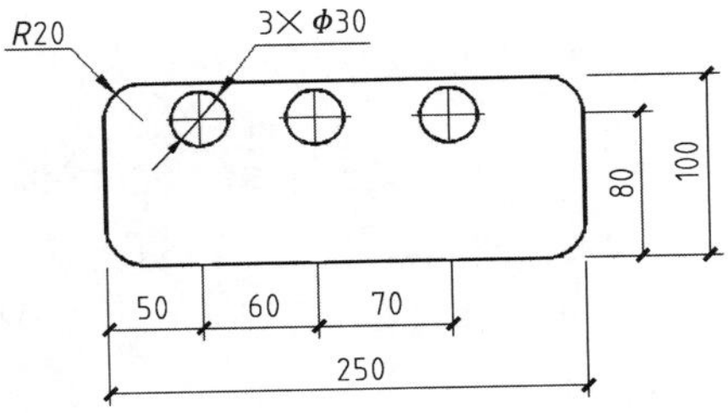

命令：rec RECTANG

指定第一个角点或 [倒角(C)/标高(E)/圆角(F)/厚度(T)/宽度(W)]：f

指定矩形的圆角半径 <0.0000>：20

指定第一个角点或 [倒角(C)/标高(E)/圆角(F)/厚度(T)/宽度(W)]：

指定另一个角点或 [面积(A)/尺寸(D)/旋转(R)]：@250,-100

图 8-29　连续_基线_半径_直径标注

命令：c CIRCLE 指定圆的圆心或 [三点(3P)/两点(2P)/相切、相切、半径(T)]：from

基点：<偏移>：@50,80

指定圆的半径或 [直径(D)]：d 指定圆的直径：30

命令：co COPY

选择对象：找到 1 个

选择对象：

指定基点或 [位移(D)] <位移>：指定第二个点或 <使用第一个点作为位移>：60

指定第二个点或 [退出(E)/放弃(U)] <退出>：130

指定第二个点或 [退出(E)/放弃(U)] <退出>：

命令：br BREAK 选择对象：

指定第二个打断点 或 [第一点(F)]：

命令：BREAK 选择对象：

指定第二个打断点 或 [第一点(F)]：

命令：BREAK 选择对象：

指定第二个打断点 或 [第一点(F)]：

命令：pe PEDIT 选择多段线或 [多条(M)]：m

选择对象：指定对角点：找到 4 个

选择对象：

是否将直线和圆弧转换为多段线？[是(Y)/否(N)]？<Y>

输入选项 [闭合(C)/打开(O)/合并(J)/宽度(W)/拟合(F)/样条曲线(S)/非曲线化(D)/线型生成(L)/放弃(U)]：w

　指定所有线段的新宽度：1

输入选项 [闭合(C)/打开(O)/合并(J)/宽度(W)/拟合(F)/样条曲线(S)/非曲线化(D)/线型生成(L)/放弃(U)]：c

输入选项 [闭合(C)/打开(O)/合并(J)/宽度(W)/拟合(F)/样条曲线(S)/非曲线化(D)/线型生成(L)/放弃(U)]：

Step 2 创建标注样式并对图形进行尺寸标注

① 在命令行里输入调用标注样式管理器的命令"**D**"，在打开的标注样式管理器里创建一个"连续_基线_半径_直径标注"样式，如图 8-30 ~ 图 8-34 所示。

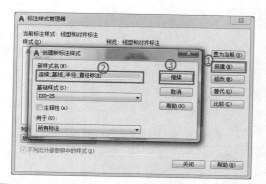

图 8-30　创建"连续_基线_半径_直径标注"样式

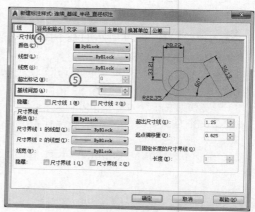

图 8-31　"线"选项卡设置

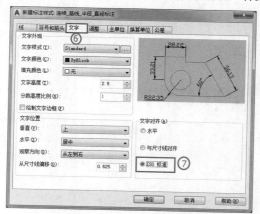

图 8-32　"文字"选项卡设置

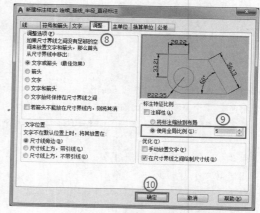

图 8-33　"调整"选项卡设置

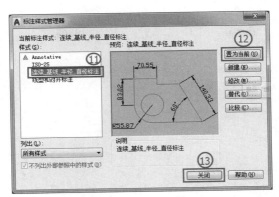

图 8-34　将"连续_基线_半径_直径标注"样式置为当前

② 在命令行里分别输入线性标注命令"DLI"、连续标注"DCO"、基线标注"DBA"、半径标注命令"DRA"和直径标注命令"DDI",对所绘制的几何图形进行尺寸标注。具体操作如下:

```
命令: dli DIMLINEAR
指定第一条尺寸界线原点或 <选择对象>:
指定第二条尺寸界线原点:
指定尺寸线位置或
[多行文字(M)/文字(T)/角度(A)/水平(H)/垂直(V)/旋转(R)]:
标注文字 = 50

命令: dco DIMCONTINUE
指定第二条尺寸界线原点或 [放弃(U)/选择(S)] <选择>:
标注文字 = 60
指定第二条尺寸界线原点或 [放弃(U)/选择(S)] <选择>:
标注文字 = 70
指定第二条尺寸界线原点或 [放弃(U)/选择(S)] <选择>:
选择连续标注:

命令: dba DIMBASELINE
指定第二条尺寸界线原点或 [放弃(U)/选择(S)] <选择>: s
选择基准标注:
指定第二条尺寸界线原点或 [放弃(U)/选择(S)] <选择>:
标注文字 = 250
指定第二条尺寸界线原点或 [放弃(U)/选择(S)] <选择>:
选择基准标注:

命令: dli DIMLINEAR
指定第一条尺寸界线原点或 <选择对象>:
指定第二条尺寸界线原点:
指定尺寸线位置或
[多行文字(M)/文字(T)/角度(A)/水平(H)/垂直(V)/旋转(R)]:
标注文字 = 80
```

命令：dba DIMBASELINE
指定第二条尺寸界线原点或 [放弃(U)/选择(S)] <选择>：
标注文字 = 100
指定第二条尺寸界线原点或 [放弃(U)/选择(S)] <选择>：
选择基准标注：

命令：dra DIMRADIUS
选择圆弧或圆：
标注文字 = 20
指定尺寸线位置或 [多行文字(M)/文字(T)/角度(A)]：

命令：ddi DIMDIAMETER
选择圆弧或圆：
标注文字 = 30
指定尺寸线位置或 [多行文字(M)/文字(T)/角度(A)]：t
输入标注文字 <30>：3-%%c30

指定尺寸线位置或 [多行文字(M)/文字(T)/角度(A)]：

【例题 8-3】绘制图 8-35 所示图形，并按要求标注尺寸。

具体操作步骤如下：

Step 1 绘制图 8-35 所示的基本图形

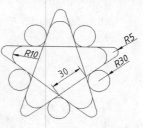

图 8-35　半径_对齐标注

命令：pol POLYGON 输入边的数目 <4>：5
指定正多边形的中心点或 [边(E)]：e 指定边的第一个端点：指定边的
第二个端点：-30

命令：x EXPLODE
选择对象：找到 1 个
选择对象：

命令：f FILLET
当前设置：模式 = 修剪，半径 = 0.0000
选择第一个对象或 [放弃(U)/多段线(P)/半径(R)/修剪(T)/多个(M)]：r 指定圆角半径
<0.0000>：10
选择第一个对象或 [放弃(U)/多段线(P)/半径(R)/修剪(T)/多个(M)]：m
选择第一个对象或 [放弃(U)/多段线(P)/半径(R)/修剪(T)/多个(M)]：
选择第二个对象，或按住 Shift 键选择要应用角点的对象：
选择第一个对象或 [放弃(U)/多段线(P)/半径(R)/修剪(T)/多个(M)]：
选择第二个对象，或按住 Shift 键选择要应用角点的对象：
选择第一个对象或 [放弃(U)/多段线(P)/半径(R)/修剪(T)/多个(M)]：
选择第二个对象，或按住 Shift 键选择要应用角点的对象：
选择第一个对象或 [放弃(U)/多段线(P)/半径(R)/修剪(T)/多个(M)]：
选择第二个对象，或按住 Shift 键选择要应用角点的对象：
选择第一个对象或 [放弃(U)/多段线(P)/半径(R)/修剪(T)/多个(M)]：
选择第二个对象，或按住 Shift 键选择要应用角点的对象：

```
    选择第一个对象或 [放弃(U)/多段线(P)/半径(R)/修剪(T)/多个(M)]:

命令: f FILLET
当前设置: 模式 = 修剪, 半径 = 10.0000
选择第一个对象或 [放弃(U)/多段线(P)/半径(R)/修剪(T)/多个(M)]: r 指定圆角半径
<10.0000>: 5
    选择第一个对象或 [放弃(U)/多段线(P)/半径(R)/修剪(T)/多个(M)]: m
    选择第一个对象或 [放弃(U)/多段线(P)/半径(R)/修剪(T)/多个(M)]:
    选择第二个对象, 或按住 Shift 键选择要应用角点的对象:
    选择第一个对象或 [放弃(U)/多段线(P)/半径(R)/修剪(T)/多个(M)]:
    选择第二个对象, 或按住 Shift 键选择要应用角点的对象:
    选择第一个对象或 [放弃(U)/多段线(P)/半径(R)/修剪(T)/多个(M)]:
    选择第二个对象, 或按住 Shift 键选择要应用角点的对象:
    选择第一个对象或 [放弃(U)/多段线(P)/半径(R)/修剪(T)/多个(M)]:
    选择第二个对象, 或按住 Shift 键选择要应用角点的对象:
    选择第一个对象或 [放弃(U)/多段线(P)/半径(R)/修剪(T)/多个(M)]:
    选择第二个对象, 或按住 Shift 键选择要应用角点的对象:
    选择第一个对象或 [放弃(U)/多段线(P)/半径(R)/修剪(T)/多个(M)]:

命令: c CIRCLE 指定圆的圆心或 [三点(3P)/两点(2P)/相切、相切、半径(T)]: t
指定对象与圆的第一个切点:
指定对象与圆的第二个切点:
指定圆的半径 <5.0000>: 10

命令: ar ARRAY
指定阵列中心点:
选择对象: 找到 1 个
选择对象:
```

Step 2　创建标注样式并对图形进行尺寸标注

① 在命令行里输入调用标注样式管理器的命令"D",在打开的标注样式管理器里新创建一个"连续_基线_半径_直径标注"样式,如图 8-36～图 8-38 所示。

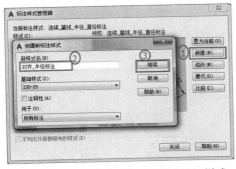

图 8-36 创建"对齐_半径标注"样式

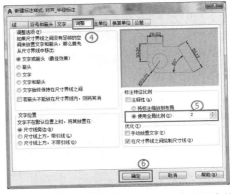

图 8-37 "对齐_半径标注样式"调整选项卡设置

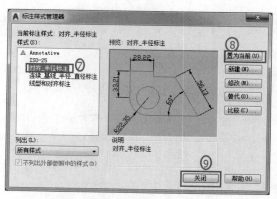

图 8-38 "对齐_半径标注" 样式置为当前

② 在命令行里分别输入线性标注命令"DAL"和半径标注命令"DRA"，对所绘制的几何图形进行尺寸标注。具体操作如下：

```
命令: dal DIMALIGNED
指定第一条尺寸界线原点或 <选择对象>:
指定第二条尺寸界线原点:
指定尺寸线位置或
[多行文字(M)/文字(T)/角度(A)]:
标注文字 = 30

命令: dra DIMRADIUS
选择圆弧或圆:
标注文字 = 5
指定尺寸线位置或 [多行文字(M)/文字(T)/角度(A)]:

命令: DIMRADIUS
选择圆弧或圆:
标注文字 = 10
指定尺寸线位置或 [多行文字(M)/文字(T)/角度(A)]:

命令: DIMRADIUS
选择圆弧或圆:
标注文字 = 10
指定尺寸线位置或 [多行文字(M)/文字(T)/角度(A)]:
```

【例题 8-4】绘制图 8-39 所示图形，并按要求标注尺寸。

具体操作步骤如下：

Step 1 绘制图 8-39 所示的基本图形

```
命令: rec RECTANG
指定第一个角点或 [倒角(C)/标高(E)/圆角(F)/厚度(T)/宽度(W)]:
指定另一个角点或 [面积(A)/尺寸(D)/旋转(R)]: @80,-50

命令: co COPY
选择对象: 找到 1 个
```

选择对象：
指定基点或 [位移(D)] <位移>：　指定第二个点或 <使用第一个点作为位移>：
指定第二个点或 [退出(E)/放弃(U)] <退出>：
指定第二个点或 [退出(E)/放弃(U)] <退出>：
指定第二个点或 [退出(E)/放弃(U)] <退出>：

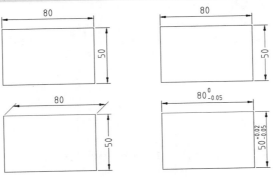

图 8-39　尺寸标注修改

Step 2　创建标注样式并对图形进行尺寸标注

① 在命令行里输入调用标注样式管理器的命令"D"，在打开的标注样式管理器里创建一个"线性标注"样式，线性标注设置如图 8-40 ~ 图 8-42 所示。

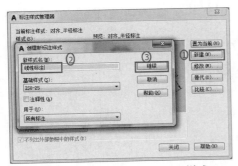

图 8-40　创建"线性标注"样式

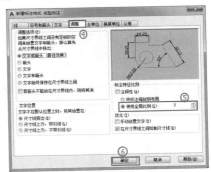

图 8-41　"线性标注样式"调整选项卡设置

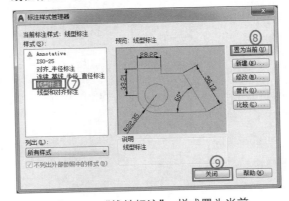

图 8-42　"线性标注"样式置为当前

② 在命令行里输入快速标注命令"QDIM"，对所绘制的几何图形进行线性标注。如图 8-39 所示 4 个矩形长宽尺寸标注初始状态均相同，就以一个矩形的标注作示范，具体操作如下：

```
命令：QDIM
关联标注优先级 = 端点
选择要标注的几何图形：找到 1 个
选择要标注的几何图形：
指定尺寸线位置或 [连续(C)/并列(S)/基线(B)/坐标(O)/半径(R)/直径(D)/基准点(P)/编辑
(E)/设置(T)] <连续>：


命令：QDIM
关联标注优先级 = 端点
选择要标注的几何图形：找到 1 个
选择要标注的几何图形：
指定尺寸线位置或 [连续(C)/并列(S)/基线(B)/坐标(O)/半径(R)/直径(D)/基准点(P)/编辑
(E)/设置(T)] <连续>：
```

③ 在命令行里输入编辑尺寸命令"DIMEDIT"，对四个矩形图形尺寸标注进行进一步的修改。具体操作如下：

```
命令：dimedit
输入标注编辑类型 [默认(H)/新建(N)/旋转(R)/倾斜(O)] <默认>：R
指定标注文字的角度：90
选择对象：找到 1 个
选择对象：


命令：dimedit
输入标注编辑类型 [默认(H)/新建(N)/旋转(R)/倾斜(O)] <默认>：o
选择对象：找到 1 个
选择对象：
输入倾斜角度 (按 ENTER 表示无)：45


命令：dimedit
输入标注编辑类型 [默认(H)/新建(N)/旋转(R)/倾斜(O)] <默认>：r
指定标注文字的角度：45
选择对象：找到 1 个
选择对象：


命令：ed DDEDIT
选择注释对象或 [放弃(U)]：
选择注释对象或 [放弃(U)]：
命令：ed DDEDIT
选择注释对象或 [放弃(U)]：
选择注释对象或 [放弃(U)]：
```

第9章 显示控制

AutoCAD 的显示控制具体表现在视图的缩放、平移、图形的重画、重生、鸟瞰视图和设置视口等。其中，对于视图的缩放和平移在前面的"第一篇第三章第三节"里已作过介绍，在此就其他几种显示控制的表现形式作如下介绍。

9.1 重画和重生

利用图形重生（REGEN／REGENALL）和图形重画（REDRAW/REDRAWALL）命令能够实现视图的重显，但视图重画与图形重生成是不同的概念。

视图重画只是简单地清理屏幕，不重新进行视图显示计算；而图形重生成则是重新进行视图显示计算，调用数据库来刷新和重新显示图形，因而需要较多的处理时间，冻结图层解冻时必定引起图形重生。

9.1.1 定义

（1）重生

在 CAD 图形操作中，放大缩小图形后会发现图中的一些弧线显示得不圆滑，这时执行"重生"命令，这些原本不圆滑的图形就圆滑了，如图 9-1 所示。

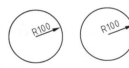

图 9-1 重生前后图形对比

又或者画一个比较大的图，平移绘图区域或缩小也不能全显示出来，这时执行"重生"命令就可以了。

（2）重画

在 CAD 绘图过程中，有时会留下一些无用的标记，可用"重画"命令用来刷新当前视口中的显示，清除残留的临时标记（点）痕迹，如图 9-2 所示。

又比如删除多个对象图纸中的一个对象，但有时看上去被删除的对象还存在，在这种情况下可以使用"重画"命令来刷新屏幕显示，以显示正确的图形。

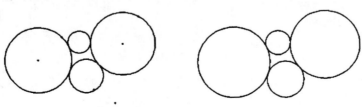

图 9-2 重画前后图形对比

9.1.2 方法

（1）重生

- 【命令行】：REGEN（RE）/ REGENALL（REA）
- 【菜单栏】："视图" | "重生成"（或"视图" | "全部重生成"）

说明："REGEN"（RE，重生成）命令可以优化当前视口的图形显示；"REGENALL"（REA，全部重生成）命令可以优化所有视口的图形显示。

（2）重画

- 【命令行】：REDRAW（R）/ REDRAWALL（RA）
- 【菜单栏】："视图" | "重画"

说明：同理，"REDRAW"（R，重画）命令可以刷新当前视口图面的显示；"REDRAWALL"（RA，重画）命令可以刷新所有视口图面的显示。

9.2 设置视口

在 AutoCAD 中，视口可以对 AutoCAD 图形进行多个方向的显示和观察，从而使绘制的图形更加直观。

9.2.1 定义

（1）视口

视口就是视图窗口，通常所说的多视口是指在绘图区同时显示多个视图窗口（见图 9-3），每个视口可显示对象的不同部分，但各视口显示的是同一对象，就像工程制图中的"三视图"。

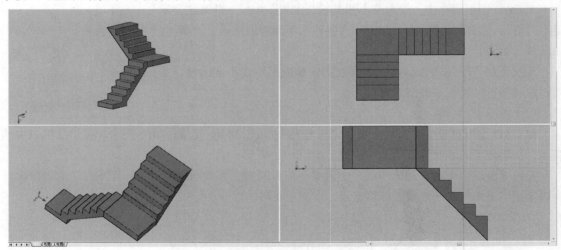

图 9-3 "多视口"应用

AutoCAD 的默认状态显示 1 个视口，可设为显示 1~4 个视口，并可选择不同的视口布局。在使用多视口的情况下，可通过"合并"来减少视口数量。

在多视口状态下，可为每个视口独立指定要显示的视图，各视口可独立进行显示缩放和平移。

模型空间状态下，在每个视口都可以编辑对象，编辑结果在各视口动态显示。

视口分为平铺视口和浮动视口。在模型空间创建的视口为平铺视口，在图纸空间（布局）创建的视口为浮动视口。

（2）模型空间与图纸空间

AutoCAD 放置对象的工作空间分为"模型空间"和"图纸空间"。典型情况下，几何模型放置在模型空间，而此模型的特定视图和注释的最终布局则位于图纸空间。

模型空间是 AutoCAD 的主要工作空间，大部分绘图和编辑工作都是在此空间完成的。启动 AutoCAD 后，系统默认进入"模型空间"（简称 MS）。

图纸空间以"布局"表达，单击"布局"选项卡，屏幕出现一张已完成布局的模拟图纸。在图纸空间中仍可完成类似模型空间的绘图工作，例如添加对象、编写文字说明、增加图框及图纸标题栏等。布局名称可以修改，以便于识别。

9.2.2　平铺视口

1．定义

平铺视口是一种模拟的显示窗口，各视口显示的是同一对象的不同视图。

2．特点

（1）视口是平铺的，他们彼此相邻，大小、位置固定，且不能重叠。

（2）当前视口（激活状态）的边界为粗边框显示，光标呈十字型，在其他视口中呈小箭头状。

（3）只能在当前视口进行各种绘图、编辑操作。

（4）只能将当前视口中的图形打印输出。

（5）可以对视口配置命名保存，以备以后使用。

3．创建

创建平铺视口时，应先切换到模型空间。平铺视口的创建方法：

- 【命令行】：VIEWPORTS（VPORTS）
- 【菜单栏】："视图"|"视口"
- 【工具面板】：

执行"创建视口"的命令后，打开图 9-4 所示的视口对话框。

（1）"新名称"：为新模型空间视口配置指定名称。如果不输入名称，将应用视口配置但不保存。如果视口配置未保存，将不能在布局中使用。

（2）"标准视口"：列出并设定标准视口配置，包括 CURRENT（当前配置）。

（3）"预览"：显示选定视口配置的预览图像，以及在配置中被分配到每个单独视口的默认视图。

（4）"应用于"：将模型空间视口配置应用到整个显示窗口或当前视口。

- "显示"：将视口配置应用到整个"模型"选项卡显示窗口。
- "当前视口"：仅将视口配置应用到当前视口。

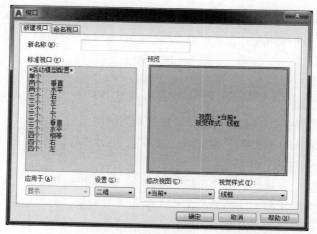

图9-4 "视口"对话框

（5）"设置"：指定二维或三维设置。如果选择二维，新的视口配置将最初通过所有视口中的当前视图来创建。如果选择三维，一组标准正交三维视图将被应用到配置中的视口。

（6）"修改视图"：用从列表中选择的视图替换选定视口中的视图。可以选择命名视图，如果已选择三维设置，也可以从标准视图列表中选择。使用"预览"区域查看选择。

（7）"视觉样式"：将视觉样式应用到视口，将显示所有可用的视觉样式。

9.2.3 浮动视口

1．定义

浮动视口是添加在布局（图纸空间）中的视口。可根据需要在布局的任意位置创建多个任意形状的视口，每个视口中布置显示同一对象的不同内容，从而更清楚、全面地显示模型空间的对象。

与平铺视口不同，浮动视口可以重叠，或可进行编辑。在构造布局时，可以将视口视为模型空间中的视图对象，对它进行移动和调整大小。

2．特点

（1）视口是浮动的。各视口可以改变位置，也可以相互重叠。

（2）浮动视口位于当前层时，可以改变视口边界的颜色，但线型总为实线，可以采用冻结视图边界所在图层的方式来显示或不打印视口边界。

（3）可以将视口边界作为编辑对象，进行移动、复制、缩放、删除等编辑操作。

（4）可以在各视口中冻结或解冻不同的图层，以便在指定的视图中显示或隐藏相应的图形、尺寸标注等对象。

（5）可以在图纸空间添加注释等图形对象。

（6）可以创建各种形状的视口。

3．创建

浮动视口创建的一般方法：

- 【命令行】：VIEWPORTS（VPORTS）或者 MVIEW（MV）

- 【菜单栏】："视图"|"视口"

- 【工具面板】：
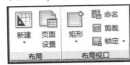

在图纸空间中可采用如下三种方式创建各种非矩形视口：

（1）从多边形视口创建

单击"视图"菜单，在下拉列表中选择"视口"选项，在"视口"选项下拉列表中再次选择"多边形视口"，系统将提示用户指定一系列的点来定义一个多边形的边界，并以此创建一个多边形的浮动视口。

也可以直接通过 AutoCAD 2017 功能区"布局"选项卡中的"布局视口"面板调用"多边形"创建视口，如图 9-5 所示。

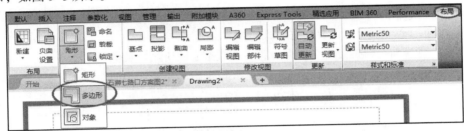

图 9-5　创建多边形视口功能按钮

（2）从对象创建

单击"视图"菜单，在下拉列表中选择"视口"选项，在"视口"选项下拉列表中再次选择"对象"，系统将提示用户指定一个在图纸空间绘制的对象，并将其转换为视口对象。

也可以直接通过 AutoCAD 2017 功能区"布局"选项卡中的"布局视口"面板调用"对象"创建视口，如图 9-6 所示。

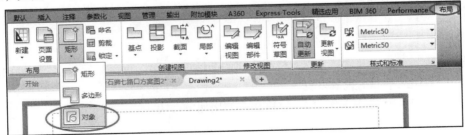

图 9-6　通过对象创建视口功能按钮

（3）执行"MV"命令

在图纸空间中输入"MV"，该命令行形式提供了更多的功能。调用该命令后，系统将提示如下：

定视口的角点或 [开(ON)/关(OFF)/布满(F)/着色打印(S)/锁定(L)/对象(O)/多边形(P)/恢复(R)/2/3/4] <布满>：

上述各项提示释义如下：

- 用户可直接指定两个角点来创建一个矩形视口。
- "开（ON）"：打开指定的视口，将其激活并使它的对象可见。
- "关（OFF）"：关闭指定的视口。如果关闭视口，则不显示其中的对象，也不能将其置为当前。
- "布满（Fit）"：创建充满整个显示区域的视口。视口的实际大小由图纸空间视图的尺寸决定。
- "着色打印（S）"：从图纸空间（布局）打印时，按"显示（A）/线框（W）/隐藏（H）/视觉样式（V）/渲染（R）"进行选择性打印。
- "锁定（Lock）"：锁定当前视口，与图层锁定类似。锁定视口后，在用"ZOOM"命令放大图形时，不会改变视口的比例。
- "对象（Object）"：将图纸空间中指定的对象换成视口。
- "多边形（Polygonal）"：指定一系列的点创建不规则形状的视口。
- "恢复（Restore）"：恢复保存的视口配置。
- "2"：将当前视口拆分为 2 个视口，与在模型空间中用法类似。
- "3"：将当前视口拆分为 3 个视口，与在模型空间中用法类似。
- "4"：将当前视口拆分为大小相同的 4 个视口。

> 💡 **注意**：不能保存和命名在布局中创建的视口配置，但可以恢复在模型空间中保存的视口配置

4．使用

（1）通过视口访问模型空间

在布局中工作时，在图纸空间中添加注释或其他图形对象，并且不会影响模型空间或其他布局。如果需要在布局中编辑模型，则可使用如下办法在视口中访问模型空间：

- 双击浮动视口内部；
- 单击状态栏上的"模型"按钮；
- 在命令行输入：MSPACE（MS）。

从视口中进入模型空间后，可以对模型空间的图形进行操作。在模型空间对图形作任何修改都会反映到所有图纸空间的视口以及平铺的视口中。

如果需要从视口中返回图纸空间，则可相应使用如下方法：

- 双击布局中浮动视口以外的部分；
- 单击状态栏上的"图纸"按钮；
- 在命令行输入：PSPACE（PS）。

（2）打开或关闭浮动视口

新视口的默认设置为打开状态。对于暂不使用、或不希望打印的视口，用户可以将其关闭。控制视口开关状态的方法如下：

- 快捷菜单：选择视口后右击，选择"显示视口对象"|"开"选项；

- 命令行：VPORTS。

（3）锁定视口比例

控制视口的比例，一般情况下，布局的打印比例设置为 1:1，并且在视口中缩放图纸空间对象的同时，也将改变视口比例。

如果将视口的比例锁定，则修改当前视口中的几何图形时将不会影响视口比例。

锁定视口比例的方法如下。

- 快捷菜单：选择视口后右击，选择"显示锁定"|"是"选项；
- 命令行：VPORTS。

（4）消隐打印视口中的线条

如果图形中包括三维面、网格、拉伸对象、表面或实体，打印时可以让 AutoCAD 删除选定视口中的隐藏线。视口对象的消隐出图打印特性只影响打印输出，而不影响屏幕显示。

- 快捷菜单：选择视口后右击，选择"着色打印"|"消隐"选项；
- 命令行：VPORTS。

（5）相对图纸空间比例缩放视图

在图纸空间布局中工作时，标准比例因子代表显示在视口中模型的实际尺寸与布局尺寸的比例，通常该比例为 1:1，即模型在模型空间和图纸空间具有相同的尺寸。

用户一般都是在模型空间里按照 1:1 的比例绘图，但当图绘制完成后发现，每个图因为大小不一样，在模型里的排版是非常凌乱的。当用户要把图纸打印出来时，就必须将几个小图按照比例排版在标准的图框中。这样打印出来的图纸排版专业，图幅美观，使用起来也更方便。要实现这一需求，就需要在布局空间里面对视口进行如下操作。

① 先将绘制好的标准图框拖到布局里面（在此以 A3 图框为例，图幅尺寸为 420 mm × 297 mm），如图 9-7 所示。

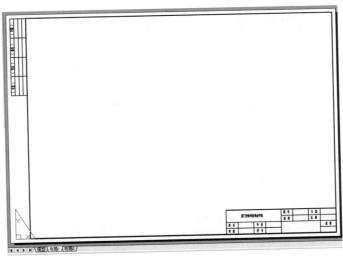

图 9-7　布局空间导入"图框"

② 在布局空间里新建视口，如图 9-8 所示。

③ 根据需要依次调整每个视口的比例，这一操作需要多试几次才能找到最佳的比例，如图9-9所示。

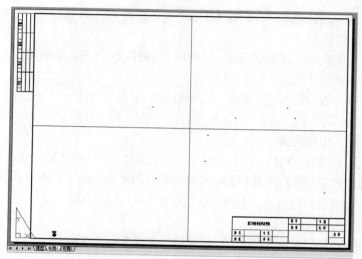

图9-8 在布局空间新建"视口"

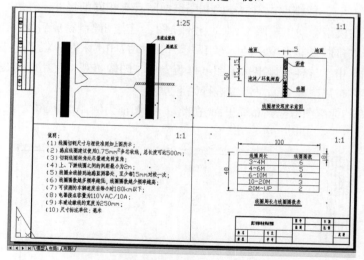

图9-9 布局空间 "视口"比例缩放设置

（6）视口边界的重定义

对于一个已有的视口可重新定义其边界。

该命令的调用方式如下。

● 快捷菜单：选择视口后右击，选择"视口剪裁"，空格或回车确认；

● 命令行：VPCLIP。

系统首先提示选择一个已有的视口，然后可通过选择一个图纸空间中的对象或指定多边形的顶点来定义新的边界。

第 10 章　图　像　输　出

图纸绘制完毕以后，就到了打印输出的环节。AutoCAD 提供了图形输入与输出接口，不仅可以将其他应用程序中处理好的数据传送给 AutoCAD，以显示其图形，还可以将在 AutoCAD 中将绘制好的图形打印出来，或者把它们的信息传送给其他应用程序。它除了可以打开和保存 DWG（dwg）格式的图形文件外，还可以导入或导出其他格式的图形文件。

AutoCAD 打印输出图纸主要有快速打印、布局打印和虚拟打印形式，这三种类型都有其各自的应用领域。其中：快速打印最为快捷；布局打印可以在同一张纸上打印比例不同的图形；虚拟打印不是真正的打印出纸张形式的图形文件，而是一种文件类型的转换。

在 AutoCAD 图像输出过程中，不仅需要掌握三种常见的打印方式，还需掌握图像文件、输出图形设备的配置、打印样式的设置以及打印操作的步骤等内容。

10.1　配置图形设备

10.1.1　图像文件

图像文件由像素点构成，像素点越多图象越清晰，而文件就越大。常用的图像文件的扩展名如下。

- BMP：Windows 下的图像格式；
- TIF：真彩色图像格式；
- JPG：压缩的图像格式；
- GIF：256 色的图像格式。

10.1.2　打开打印机管理器

打开"打印机管理器"通常可通过如下三种方法：

【菜单栏】："文件" | "打印"

【命令行】：PLOT

【工具栏】：

在执行"打印机管理器"命令后，打开"打印"设置对话框，即可进行图形设备详细的参数配置，如图 10-1 所示。

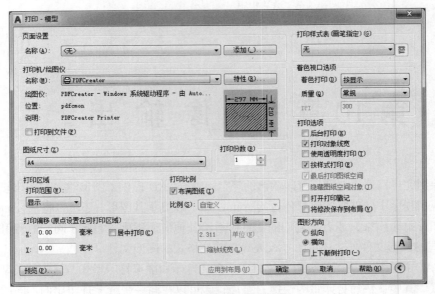

图 10-1 打印管理器设置

10.2 打印样式

10.2.1 定义

AutoCAD 中线条的宽度、线条的颜色和线条的连接方式是目标图形的一种属性，这种属性称为打印样式。

使用打印样式可以从多方面控制对象的打印方式，打印样式也属于对象的一种特性，它用于修改打印图形的外观。用户可以设置打印样式来替代其他对象原有的颜色、线型和线宽特性。

打印样式可控制输出图形文件的如下特性：

- 线条颜色和线型；
- 线条宽度；
- 线条终点类型和交点类型；
- 图形填充模式；
- 灰度比例；
- 打印颜色深浅。

10.2.2 类型

打印样式表有两种类型：颜色相关打印样式表和命名打印样式表。

（1）颜色相关打印样式（CTB）

颜色相关打印样式建立在图形实体颜色设置的基础上，可通过颜色来控制图形输出。颜色相关打印样式存储的文件后缀为"*.CTB"。默认状态下，AutoCAD 使用的是"*.CTB"打印样式，就是按颜色对应的打印样式表。

在颜色相关打印样式表中，可以编辑打印样式，但不能添加或删除打印样式。另外，该打印样式表中有 256 种打印样式，每种样式对应一种颜色，如图 10-2 所示。

还可以根据自己的需要调整相关参数。不同颜色打印样式的参数可以不同，例如用于彩色输出的 "acad.ctb"；而不同颜色打印样式的参数也可以相同，例如用于黑白打印的 "monochrome.ctb"。

（2）命名的打印样式（STB）

命名打印样式与图形文件中图形实体颜色无关。其优点在于：用户可将其直接赋予指定的图形实体，而不必考虑实体本身的其他属性，如图 10-3 所示。命名打印样式存储的文件后缀为 "*.STB"。也就是说，使用命名打印样式表时，具有相同颜色的对象可能会以不同方式打印。

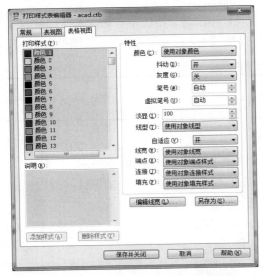

图 10-2　颜色相关 "打印样式表编辑器"

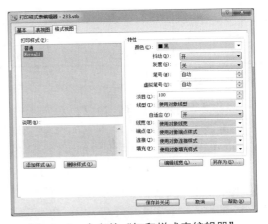

图 10-3　命名的 "打印样式表编辑器"

10.2.3　设置与编辑

创建 "打印样式" 的命令可以通过以下几种常见的方式：

【命令行】：STYLESMANAGER

【菜单栏】："文件" | "打印样式管理器"

【其他】：利用向导创建新的打印样式（双击 "添加打印样式表向导"）

在执行 "打印样式" 创建命令后，打开 "打印样式管理器" 对话框，如图 10-4 所示。

图 10-4　"打印样式管理器" 对话框

10.2.4 应用

将打印样式赋予图形实体可分为两个步骤进行：

Step 1 先将打印样式文件赋予当前图形文件。

Step 2 再将打印样式文件所属的各打印样式分别赋予当前图形文件中的各图形实体。

10.3 快速打印

10.3.1 定义

快速打印又称模型空间打印，就是直接从模型空间打印输出，不使用布局。这样打印的好处就是方便快捷。快速打印需要绘制一个图框，图框大多按照 1:1 的比例绘制。图幅见表 10-1。

表 10-1 图纸幅面尺寸   单位：mm

图幅代号	A0	A1	A2	A3	A4
$B*L$	841×1189	594×841	420×594	420×297	210×297

10.3.2 操作步骤

Step 1 输入"打印"命令，系统打开"打印-模型"对话框，如图 10-5 所示。

Step 2 打印设置：在"打印-模型"对话框中，对其"页面设置"、"打印区域"、"打印偏移"、"图纸尺寸"、"打印份数"各选项进行相应设置，如图 10-6 所示。

若要进行"打印样式"、"着色视口"和"图形方向"等选项设置，可在"打印-模型"对话框右下角单击"更多选项"按钮进行操作，如图 10-5 所示。

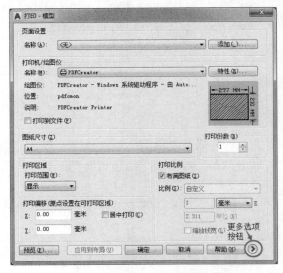

图 10-5 "打印-模型"对话框

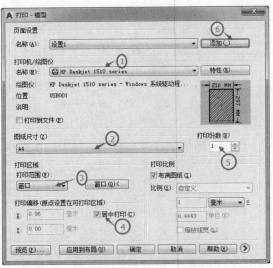

图 10-6 "打印-模型"参数设置

Step 3 打印预览：打印设置后，应进行打印预览。预览后要退出时，应在该预览画面上右击，在打开的快捷菜单中选取"退出（Exit）"选项，即可返回"打印-模型"对话框，或按【Esc】

键退回，如预览效果不理想可进行修改设置。

Step 4　打印出图：预览满意后，单击"确定"按钮，开始打印出图。

10.4　布局打印

10.4.1　定义

布局打印就是直接从图纸空间（布局）打印输出。用户在布局里建立图框，这样无论在模型空间里画的图形大小及数量多少，都可以在布局里通过视口缩放图形比例，来调整布局图框里的图形大小，这样就不会出现图形与图框大小不一，需要缩放图框来配合的问题。

10.4.2　创建布局

创建布局的方法有很多，在此以利用"布局向导"方法来创建布局为例，创建布局的具体方法如下所述。

（1）执行"插入"|"布局"|"创建布局向导"，打开"创建布局–开始"对话框，如图 10–7 所示。在该对话框的左侧已经列出了创建布局的步骤。

（2）在新的布局名称文本框中输入"名称"，单击"下一步"按钮，进入"创建布局–打印机"对话框，如图 10–8 所示

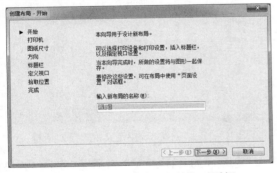
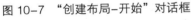

图 10–7　"创建布局–开始"对话框

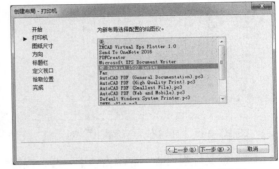

图 10–8　"创建布局–打印机"对话框

（3）选择好打印设备，单击"下一步"按钮，进入"创建布局–图纸尺寸"对话框，如图 10–9 所示。

（4）选择好图纸尺寸，单击"下一步"按钮，进入"创建布局–方向"对话框，如图 10–10 所示。

（5）选择好图纸方向，单击"下一步"按钮，进入"创建布局–标题栏"对话框，如图 10–11 所示。

在"创建布局–标题栏"对话框选项下拉列表中，ANSI 标题栏是以英寸为单位绘制的，而 ISO、DIN 和 JIS 标题栏则是以毫米为单位绘制的。如果需要，用户可选择其中一种并以"块"或"外部参照"的形式插入到当前图形文件中。

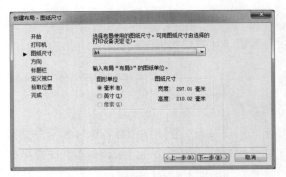

图 10-9 "创建布局-图纸尺寸"对话框

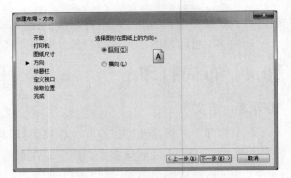

图 10-10 "创建布局-方向"对话框

（6）选择好标题栏，单击"下一步"按钮，进入"创建布局-定义视口"对话框，如图 10-12 所示。有时为了详细地表达图形，还需要创建多个视口。当视口较多时，就要安排它们在图纸空间的位置，以免遮挡、交错。可以对视口框进行夹点编辑，也可以使用各种编辑命令，如移动、复制等，对布局里的视口进行操作。关于布局里的视口使用介绍，可详见"浮动视口"的章节内容介绍。

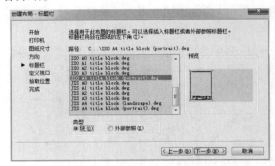

图 10-11 "创建布局-标题栏"对话框

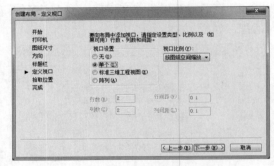

图 10-12 "创建布局-定义视口"对话框

（7）定义好视口类型，单击"下一步"按钮，进入"创建布局-拾取位置"对话框。如图 10-13 所示。

（8）在选择好视口位置，单击"下一步"按钮，进入"创建布局-完成"对话框，如图 10-14 所示。并单击"完成"按钮，返回已创建好的"布局 3"空间，如图 10-15 所示。

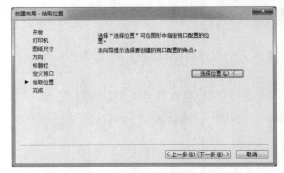

图 10-13 "创建布局-拾取位置"对话框

图 10-14 "创建布局-完成"对话框

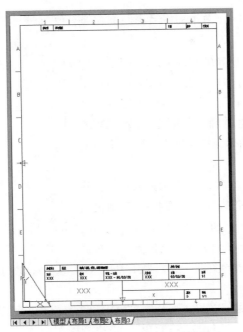

图 10-15　"布局 3"创建后效果

10.4.3　打印输出

完成了图纸空间的设置，下面就可以打印输出了。打印的步骤与前面所讲解的快速打印基本相同，唯一不同的是将"打印范围"设置为"布局"。

10.5　虚拟打印

10.5.1　定义

虚拟打印是指将 DWF 格式的文件转换成 TIF、JPG 或 PDF 等格式的打印。在 AutoCAD 绘图过程中，虚拟打印也常常被应用在日常对图纸文件的查看、传递与共享等用途上，尤其是在一些没有安装 AutoCAD 程序的计算机上，可以直接打开格式转换后的 JPG 或 PDF 格式的图纸，大大提高了图纸使用的便利性。

10.5.2　操作步骤

以下就 DWG 格式转 PDF 格式的虚拟打印操作步骤作如下介绍。

PDF 虚拟打印跟前面所介绍的快速打印的操作基本上相同，其基本的操作按四个步骤来完成。

Step 1　输入"打印"命令；
Step 2　打印设置；
Step 3　打印预览；
Step 4　打印出图。

与快速打印不同的是，PDF 虚拟打印应在"打印设置"的对话框中，选择对应的"虚拟打印机"

作为打印设备，例如：DWG To PDF.pc3，如图 10–16 所示。

值得注意的是：AutoCAD 2007 以下的版本是没有内置"DWG To PDF"的虚拟打印机功能，需要用户自己下载安装一个"PDF 虚拟打印机"后才可实现此功能。

在打印预览满意后，单击"确定"按钮，开始"DWG To PDF"格式转换打印，随即在指定的保存路径上生成"*.PDF"的文件。

【例题 10–1】将布局一重命名为"PDF–A3"，删除默认的窗口。设置页面设置管理器，配置打印机/图仪名称为 DWG To PDF.pc3。纸张：ISO A3（420×297）mm，横向，打印样式表选择 Monocrome.cbt。纸张上下左右页边距设置为 0，出图比例与试卷图纸一致，采用黑色打印，打印比例为 1：1。

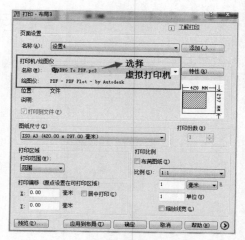

图 10–16 "虚拟打印"打印设备选择

具体操作步骤如下：

Step 1 双击状态栏上的"布局 1"，输入"PDF–A3"，并删除默认的窗口。如图 10–17 所示。

Step 2 在命令行中输入"PAGESETUP"，空格或回车确认，打开"页面设置管理器"，如图 10–18 所示。

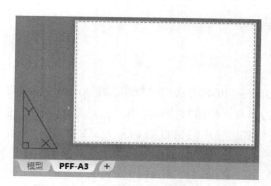

图 10–17 重命名布局并删除默认窗口

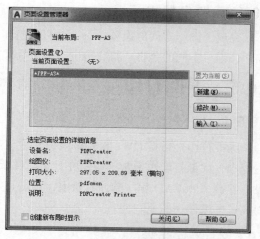

图 10–18 "页面设置管理器"对话框

Step 3 单击"页面设置管理器"上"修改"按钮，打开"页面设置–PDF–A3"对话框，如图 10–19 所示。

Step 4 在"页面设置–PDF–A3"对话框中，选择打印机/绘图仪、图纸尺寸、打印样式、图形方向和打印比例，如图 10–20 所示。

Step 5 在"页面设置–PDF–A3"对话框中，单击选择打印机/绘图仪为"DWG To PDF.pc3"后的"特性"按钮，打开"绘图仪配置编辑器"对话框，如图 10–21 所示。

Step 6　单击"绘图仪配置编辑器"对话框中的"修改标准图纸尺寸（可打印区域）"，在修改标准图形尺寸列表中单击选择"ISO A3（420.00 × 297.00 毫米）"，如图 10-22 所示。

图 10-19　"页面设置–PDF–A3"对话框

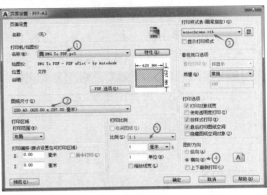

图 10-20　PDF–A3 页面详细设置

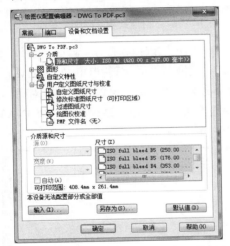

图 10-21　"绘图仪配置编辑器"对话框

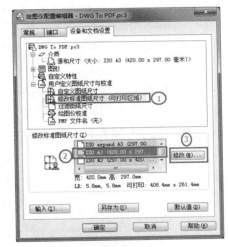

图 10-22　"绘图仪配置编辑器"设置

Step 7　在完成上述步骤后，单击右侧的"修改"按钮，打开图 10-23 所示对话框。

Step 8　在图 10-23 所示对话框中，将上、下、左、右边界值均设置为"0"，如图 10-24 所示。

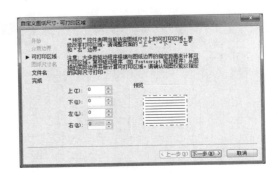

图 10-23 "自定义图纸尺寸-可打印区域"对话框 图 10-24 "自定义图纸尺寸-可打印区域"详细设置

Step 9 单击下一步，进入到"自定义图纸尺寸-文件名"对话框，对 PDF 文件名进行命令，如图 10-25 所示。

Step 10 单击下一步，进入到"自定义图纸尺寸-完成"对话框，如图 10-26 所示。单击"完成"按钮即可返回"绘图仪配置编辑器"对话框。

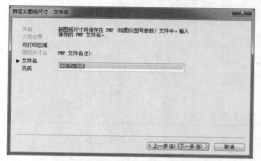

图 10-25 "自定义图纸尺寸-文件名"对话框

图 10-26 "自定义图纸尺寸-完成"

Step 11 接着在"绘图仪配置编辑器"对话框中单击"确定"按钮，打开"修改打印机配置文件"提示对话框，如图 10-27 所示。单击"确定"按钮，返回"页面设置-PDF-A3"对话框，再在"页面设置-PDF-A3"对话框中单击"确定"按钮，再次返回"页面设置管理器"对话框。

Step 12 最后，在"页面设置管理器"对话框中单击"关闭"按钮，结束布局"PDF-A3"的页面设置。此时就可以看到设置好后的布局效果，如图 10-28 所示。

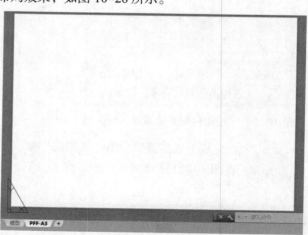

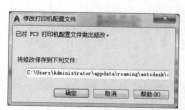

图 10-27 修改打印机配置文件

图 10-28 修改后的"PDF-A3"布局效果

实 例 应 用

第 11 章　文件操作与环境设置

专题训练 1

【操作要求】

（1）建立文件夹：在 C 盘的根目录下新建一个文件夹，文件夹的名称为"姓名+专业"。

（2）环境设置：

- 运行软件，建立新模板文件，设置绘图区域为 A4 幅面，打开"栅格"观察绘图区域。
- 建立新图层，并设置图层名称、颜色、线型及线宽见表 11-1。

表 11-1　图层设置

图 层 名 称	颜　　色	线　　型	线宽（mm）
轮廓线	黑/白	Continuous	0.4
中心线	红色	CENTER	0.2
剖面线	蓝色	Continuous	0.2

（3）简单绘图：在"轮廓线"图层上绘制绘图区域的边框，并以坐标点（50，100）为矩形的左下角点，在边框内绘制一个 80 mm×40 mm 的矩形；在"中心线"图层上绘制矩形的竖直中心线，长度为 80 mm，其相对于矩形呈对称分布。

（4）保存文件：将完成的图形以"全部缩放"的形式显示，并以"KSCAD1-1.dwt"为文件名保存在上述新建的文件夹中。

【本题解析】

（1）Limits：

```
左下角点坐标输入 0，0
右上角点坐标输入 297，210
Zoom
A
点击"F7"按钮，打开栅格；
```

（2）图层设置：打开图层特性管理器（LA），建立新图层，层名："轮廓线"、线宽："0.4"；建立新图层，层名："剖面线"，颜色："蓝色"，线宽："0.2"；建立新图层，层名："中心线"、线型："CENTER"、颜色："红色"，线宽："0.2"；

（3）绘制图形：

① 将当前图层设置为"轮廓线"层；

矩形命令（REC），起点：50，100、第二点：@80，40；

② 将当前图层设置为"中心线"层；使用"直线"命令（L），绘制起点：（90，160）长度 80 mm 竖直向下的直线；

（4）实时缩放："实时缩放"命令（Z），"参数 A"。

（5）保存图形："文件"|"另存为"，在弹出对话框中选择"AutoCAD 图形样板*.dwt"；在文件名中输入："KSCAD1-1"；保存位置：用户新建文件夹。最终所绘图形如图 11-1 所示。

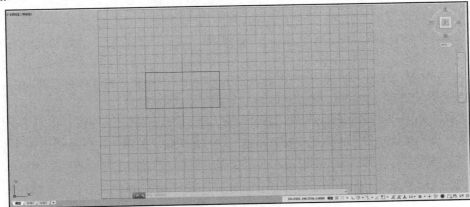

图 11-1　所绘图形效果

专题训练 2

【操作要求】

（1）建立文件夹：在 C 盘的根目录下新建一个文件夹，文件夹的名称为"姓名+专业"。

（2）环境设置：

- 运行软件，建立新模板文件，设置绘图区域为 A4 幅面，单位为"小数"，精度为"0.000"；设置角度为"度/分/秒"，角度精度为"0d00′00″"，角度测量以"西"为起始方向，角度方向为"顺时针"。

- 建立文字样式，设置格式见表 11-2。

表 11-2　字体设置

样 式 名	字 体 名	文字高度（mm）	效 果
汉字	仿宋_GB2312	10	默认
标注	gberon.shx	5	宽度比例：1 倾斜角度：0°

（3）简单绘图：在绘图区域内，以坐标点（40，40）为矩形左上角点，绘制一个 100 mm × 50 mm 的矩形。在矩形的正中央，用"汉字"文字样式输入"AutoCAD 计算机等级考试"字样。

（4）保存文件：将完成的图形以"全部缩放"的形式显示，并以"KSCAD1-2.dwt"为文件名保存在上述新建的文件夹中。

【本题解析】

（1）Limits。

左下角点坐标输入 0，0
右上角点坐标输入 297，210
Zoom
A

（2）设置单位："格式" / "单位"，在弹出的对话框中，将长度精度设置为"0.000"、角度类型设置为"度/分/秒"、精度设置为"0d00′ 00″"、在顺时针前方框中打√、单击下方"方向"，基准角度设置为"西"。

（3）设置文字样式：文字样式命令（ST），在弹出窗口中：单击"新建"，在"样式名"中输入："汉字"，单击"确定"；将字体下方"使用大字体"前√去除，并将字体更改为"仿宋_GB2312"、高度更改为"10"。单击"新建"，在"样式名"中输入："标注"，单击"确定"；将字体更改为"gberon.shx"、高度更改为"5"、宽度比例更改为"1"、倾斜角度更改为"0"。

（4）绘图：矩形命令（REC），起点："40，40"、第二点："@100，−50"；使用"多行文本"命令（MT），分别捕捉矩形左上角点和右下角点，在弹出窗口（见图 11-2）中设置：文字样式为"汉字"，水平居中对齐，垂直居中对齐，并在文本框中输入："AutoCAD 计算机等级考试"；完成后单击"确定"按钮。

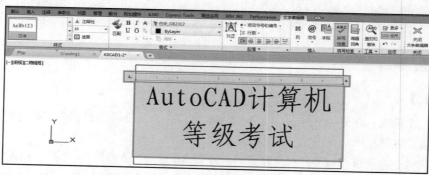

图 11-2 文字输入窗口

（5）实时缩放："实时缩放"命令（Z），"参数 A"。

（6）保存图形：

"文件"｜"另存为"，在弹出对话框中选择"AutoCAD 图形样板*.dwt"；在文件名中输入："KSCAD1-2"；保存位置：用户新建文件夹。

专题训练 3

【操作要求】

（1）建立文件夹：在 C 盘的根目录下新建一个文件夹，文件夹的名称为"姓名+专业"。

（2）环境设置：

● 运行软件，建立新模板文件，设置绘图区域为 A4 幅面，设置"捕捉间距"为 5，启用"对象捕捉"，并设置"端点、圆心、交点"捕捉，选择捕捉类型为"栅格捕捉"和"等轴测捕捉"。

- 建立尺寸标注样式，新样式名为"线性尺寸"，用于线性标注。在"文字"中设置字体高度为"5"，使文字与尺寸线对齐，在"符号和箭头"中设置箭头大小为"3.5"，在"线"中设置超出尺寸线为"2.5"，其余参数均采用默认设置。

（3）简单绘图：以坐标点（150，50）为左上角点，绘制一个 100 mm × 80 mm 的矩形，并用线性尺寸标注长和宽的尺寸。

（4）保存文件：将完成的图形以"全部缩放"的形式显示，并以"KSCAD1–3.dwt"为文件名保存上述新建的文件夹中。

【本题解析】

（1）Limits。

```
左下角点坐标输入 0，0
右上角点坐标输入 297，210
Zoom
A
```

（2）捕捉设置：将鼠标移到 AutoCAD 窗口底部状态栏左边"捕捉"上方，右击，选择"设置"，打开"草图设置"对话框，如图 11–3 所示，在"捕捉和栅格"选项卡中将"捕捉类型"由"矩形捕捉"更改为"等轴测捕捉"，将栅格 Y 轴间距由"10"更改为"5"、将"启用捕捉"和"启用栅格"打勾。完成后，单击"对象捕捉"选项卡，先单击"全部清除"，再将"端点"、"圆心"、"交点"捕捉打勾。

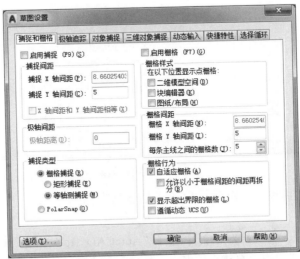

图 11–3　专题训练"草图设置"对话框

（3）设置标注样式：输入"设置标注样式"命令 D，单击"新建"按钮，在新样式名中输入："线性标注"（见图 11–4）；确定后，在弹出的对话框中，单击"线"选项卡，将"超出尺寸线"更改为"2.5"，单击"符号和箭头"选项卡，将"箭头大小"更改为"3.5"，单击"文字"选项卡，将"文字高度"更改为"5";完成后记得单击"置为当前"按钮;再单击"关闭"按钮。

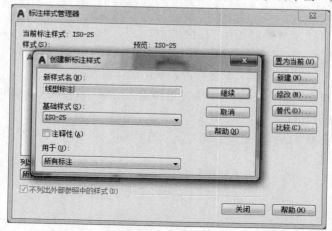

图 11-4　专题训练"创建新标注样式"对话框

（4）绘图："矩形"命令（REC），起点："150，50"，第二点："@100，-80";"线性标注"命令（DLI），捕捉上方水平线两个端点，标注矩形长、捕捉右边垂直线两个端点，标注矩形宽，如图 11-5 所示。

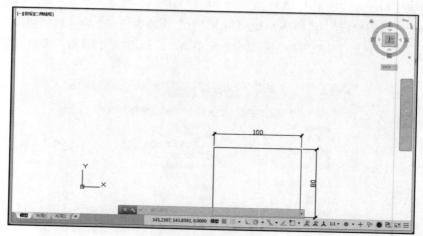

图 11-5　绘图效果

（5）实时缩放："实时缩放"命令（Z），"参数 A"。

（6）保存图形:

"文件"｜"另存为"，在弹出对话框中选择"AutoCAD 图形样板*.dwt";在文件名中输入:"KSCAD1-3";保存位置:用户新建文件夹。

第 12 章　基本图形绘制辑

专题训练 1

【操作要求】

（1）建立文件夹：在 C 盘的根目录下新建一个文件夹，文件夹的名称为"姓名+专业"。设置绘图区域为 A4 幅面，建立新图层，设置图层名称为"中心线"，线型为"CENTER"，颜色为"红色"，线宽为"0.4"。

（2）绘制图形：

- 框架绘制：在"0"图层绘制绘图区域的边框，设置线型为"Bylayer"，颜色为"黑色"，线宽为"0.4"；以坐标点（100，100）为中心，绘制外接圆半径为 60mm 的正六边形，两顶点位于水平方向。

- 细节绘制：在"0"图层上绘制正六边形的内切圆，线宽为"0.25"；在"中心线"图层上，内切圆内，用正五边形绘制一个内接五角星，并填充"红色"，完成的效果如图 12-1 所示。

（3）保存文件：将完成的图形以"全部缩放"的形式显示，并以"KSCAD2-1.dwg"为文件名保存在上述新建的文件夹中。

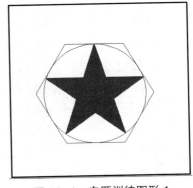

图 12-1　专题训练图形 1

【本题解析】

（1）Limits

```
左下角点坐标输入 0，0
右上角点坐标输入 210，297
Zoom
A
```

（2）"矩形"命令（REC），设置左下角点坐标"0，0"，右上角点坐标"210，297"；选中矩形，设置线宽为"0.4"。

（3）"正多边形"命令（POL）绘制正六边形（6/"100，100"/I/60）。

"绘图"/"圆"/"相切、相切、相切"，做正六边形内切圆，选中内切圆，设置线宽为"0.25"。

"正多边形"命令（POL）绘制正五边形（5/100，100/I/捕捉圆上方象限点）；用直线连接正五边形五个顶点，删除正五边形，修剪五角星内部线。

（4）打开"图层特性管理器"（LA），单击"新建图层"，图层名称："中心线"、颜色设为"红色"、线型设为"CENTER"（无CENTER时，单击"加载"）、线宽设为"0.4"；将五角星应用"中心线"层；填充（H），图案"SOLID"，颜色"红色"。

（5）实时缩放："实时缩放"命令（Z），"参数A"。

（6）保存图形："文件"/"另存为"，在弹出对话框中选择"AutoCAD 2017图形*.dwg"；在文件名中输入："KSCAD2-1"；保存位置：用户新建文件夹。

专题训练 2

【操作要求】

（1）建立文件夹：在C盘的根目录下新建一个文件夹，文件夹的名称为"姓名+专业"。设置绘图区域为200mm×200mm幅面。

（2）绘制图形：

- 框架绘制，在绘图区域内，以坐标（100，100）为圆心，绘制一个直径为120mm的圆。
- 细节绘制，采用多段线，在圆内以点（100，60）为圆心、半径为20mm作半圆弧 *AB*；以（100，80）为圆心、半径为40mm作半圆弧 *AC*；以点（100，140）为圆心、半径为20mm作半圆弧 *CD*；以点（100，120）为圆心、半径为40mm作半圆弧 *BD*。*A*、*D* 两点处线宽为"1"；*B*、*C* 两点处线宽为"7"；选用的填充图案为"HONEY"，比例为"2:1"。标出相应位置的字母，字体为"仿宋_GB2312"。完成的效果如图12-2所示。不标注尺寸。

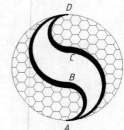

（3）保存文件：将完成的图形以"全部缩放"的形式显示，并以"KSCAD2-2.dwg"为文件名保存在用户上述新建的文件夹中。

图 12-2 例题图形

【本题解析】

（1）Limits。

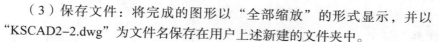
```
左下角点坐标输入 0，0
右上角点坐标输入 100，100
Zoom
A
```

（2）"圆"命令（C），圆心坐标"100，100"，半径为"60"；"多段线"命令（PL），起点：圆下方象限点，"参数W"设定端点线宽分别为"1"和"7"，"参数A"转化为圆弧，用鼠标拉出垂直向上方向，输入"40"得到 *B* 点；"参数W"设定端点线宽分别为"7"和"1"，捕捉圆上方象限点。

"阵列"命令（AR），环形阵列、中心点为："圆心、对象"：选择多段线，项目总数："2"，填充角度："180"；

"填充"命令（H）填充图案为："HONEY"，比例为"2"；

（3）"文字样式"命令（ST），字体设为"仿宋_GB2312"，字高设为 7.5，"单行文本"命令（DT），起点单击 *A* 处、旋转角度"0"、内容输入"A"，回车两次，完成字母"A"的输入，"复制"命令（CO），复制 3 份字母"A"，分别到 *B*、*C*、*D* 位置，双击字母"A"更改为相应"B"、"C"、"D"。

（4）实时缩放："实时缩放"命令（Z），"参数 A"。

（5）保存图形："文件"/"另存为"，在弹出对话框中选择"AutoCAD 2017 图形*.dwg"；在文件名中输入："KSCAD2-2"；保存位置：用户新建文件夹。

专题训练 3

【操作要求】

（1）建立文件夹：在 C 盘的根目录下新建一个文件夹，文件夹的名称为"姓名+专业"。设置绘图区域为 500 mm × 400 mm 幅面，参数均采用默认设置。建立新图层，设置图层名称为"中心线"，线型为"CENTER2"，颜色为"红色"，线宽为"0.3"。

（2）绘制图形：

- 框架绘制，采用"0"图层，在绘图区域中以坐标（100，200）的点为圆心，作直径为 100mm 的圆；在水平方向上，相距 200mm 位置处画直径为 50mm 的圆。
- 细节绘制，绘制一条相切于两圆的圆弧，圆弧半径为 150mm；绘制两圆的一条外公切线；绘制一个与圆弧和外公切线相切的圆，并过两圆圆心连线的中点。在"中心线"图层上绘制出各圆的中心线，中心线超出图形的长度为 10mm。完成的效果如图 12-3 所示。图中的尺寸不用标注。

（3）保存文件：将完成的图形以"全部缩放"的形式显示，并以"KSCAD2-3.dwg"为文件名保存在上述新建的文件夹中。

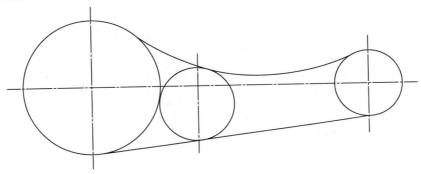

图 12-3　专题训练图形 2

【本题解析】

（1）Limits

```
左下角点坐标输入 0，0
右上角点坐标输入 500，400
Zoom
A
```

（2）以点"100，200"为圆心绘制半径 50 的圆。

过圆心做一水平长为 200 直线，过直线另一端点做一半径为 25 的圆；删除直线。

（3）做一直线，直线两个端点为两圆下方切点（捕捉切点 tan）。

利用"圆"命令中"相切、相切、半径"（参数 T）做一个和两圆相切半径为 150 的圆，用"修剪"（TR）命令将上方半圆剪掉。

利用"偏移"命令（O），分别将三个圆向外偏移 10、打开"对象捕捉"，用"直线"命令做三个圆的中心线（直线端点均为捕捉象限点）；删除偏移的圆；打开"图层特性管理器"（LA），单击"新建图层"，图层名称："中心线"、颜色设为"红色"、线型设为"CENTER2"（无 CENTER2 时，单击加载），线宽设为"0.3"；将所有中心线应用到"中心线"层。

（4）实时缩放："实时缩放"命令（Z），"参数 A"。

（5）保存图形："文件"/另存为，在弹出对话框中选择"AutoCAD 2017 图形*.dwg"；在文件名中输入："KSCAD2–3"；保存位置：用户新建文件夹。

第 13 章 图形属性与编辑

专题训练 1

【操作要求】

（1）建立文件夹：在 C 盘的根目录下新建一个文件夹，文件夹的名称为"姓名+专业"。将素材文件"CAD2017\PZ3\CADST13−1.dwg"复制到新建文件夹中，并在文件夹中打开该文件，原图如图 13−1（a）所示。

（2）图形编辑：

- 采用"镜像"命令分别将打开的图形中的半个正六边形、突耳部分及底座部分补充完整。
- 采用"阵列"命令将图形中的小正六边形和小圆在整个圆周上按 60° 间隔均布排列，将突耳部分在中上部呈均布为 3 个的环形阵列。

（3）属性设置：

- 新建图层，图层名称为"中心线"，颜色为"红色"，线型为"CENTER2"，线宽为"0.25"，将图形中的所有中心线定义在此图层上。
- 新建图层，图层名称为"轮廓线"，颜色为"绿色"，线型为"Continunous"，线宽为"0.4"，将内部正六边形和大圆轮廓编辑在此图层上。
- 显示"线宽"。

完成的效果如图 13−1（b）所示。

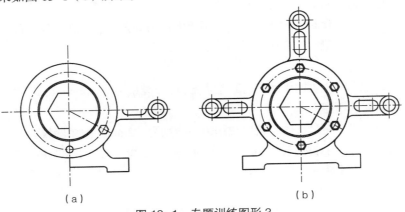

（a）   （b）

图 13−1 专题训练图形 3

（4）保存文件：将完成的图形以"全部缩放"的形式显示，并以"KSCAD13-1.dwg"为文件名保存在上述新建的文件夹中。

【本题解析】

（1）打开"CADST13-1.dwg"文件。

（2）"镜像"命令（MI），对象选择：内部半个正六边形和底座，镜像线选择：垂直中心线上任意两个点。

"镜像"命令（MI），对象选择：半个突耳部分，镜像线选择：水平中心线上任意两个点；完成后，对突耳部分做环形阵列（AR），阵列中心为圆心，3个对象，填充角度180°。

"阵列"命令（AR），阵列中心为圆心，对象选择：小圆和小正六边形，6个对象，填充角度360°。

（3）打开"图层特性管理器"（LA），建立新图层1，层名："中心线"，颜色："红色"，线型："CENTER2"，线宽："0.25"；建立新图层2，层名："轮廓线"，颜色："绿色"，线宽："0.4"；完成后，中心线应用中心线层，大圆和大正六边形应用轮廓线层。

（4）实时缩放："实时缩放"命令（Z），"参数A"。

（5）保存图形："文件"/"另存为"，在弹出对话框中选择"AutoCAD2017图形*.dwg"；在文件名中输入："KSCAD13-1"；保存位置：用户新建文件夹。

专题训练2

【操作要求】

（1）建立文件夹：在C盘的根目录下新建一个文件夹，文件夹的名称为"姓名+专业"。将素材文件"CAD2017\PZ3\CADST13-2.dwg"复制到用户新建文件夹中，并在文件夹中打开该文件，原图如图13-2（a）所示。

（2）图形编辑：

- 采用"延伸"命令将线条A进行延伸，使其与中心园相交。
- 采用"复制"命令将延伸线进行平移，使其变为双线并与圆相交。
- 采用"镜像"命令对对称部分进行镜像。
- 采用"阵列"命令使相应的结构在整个圆周上均匀分布，它们之间的夹角为120°。
- 采用"修剪"、"删除"命令，对多余的线条进行裁剪。

（3）属性设置：

- 新建图层，图层名称为"轮廓线"，颜色为"红色"，线型为"Continunous"，线宽为"0.5mm"，将大圆编辑在此图层上。
- 采用多段线编辑，将星形的外轮廓线编辑为线宽为"2mm"的多段线。
- 建立新图层，图层名称为"中心线"，颜色为"蓝色"，线型为"CENTER"，线宽为"0.2mm"，将所有的中心线编辑在此图层上。

完成的效果图如图13-2所示的右图。

（4）保存文件：将完成的图形以"全部缩放"的形式显示，并以 KSCAD13-2.dwg 为文件名保存在用户上述新建的文件夹中。

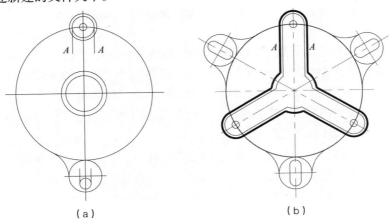

（a）　　　　　　　　　　　　　　（b）

图 13-2　专题训练图形 4

【本题解析】

（1）打开"CADST13-2.dwg"文件；

（2）将两条 A 线向下拉伸和最中心小圆相交，用"直线"命令（L），捕捉 A 线外侧圆的象限点，向下与中心向外第二个圆相交，修剪直线和上部两圆相交位置。

将下部左侧圆弧镜像；修剪下部中间小圆和直线，以水平中心线为镜像线做镜像。

完成后将处理完图形以大圆圆心为阵列中心，做环形阵列，项目总数 3，阵列角度 360°；

修剪中间两圆和直线相交部分，完成后用"PE"命令中"参数 J"先合并，再用"参数 W"设定线宽为 2。

（3）打开"图层特性管理器"（LA），建立新图层，层名："中心线"，颜色："蓝色"，线型："CENTER"，线宽：0.2；建立新层，层名：轮廓线、颜色：红色、线宽：0.5；完成后，大圆和多段线应用轮廓线层；所有中心线应用中心线层。

（4）实时缩放："实时缩放"命令（Z），"参数 A"。

（5）保存图形："文件"/"另存为"，在弹出对话框中选择"AutoCAD2017 图形*.dwg"；在文件名中输入："KSCAD13-2"；保存位置：用户新建文件夹。

专题训练3

【操作要求】

（1）建立文件夹：在 C 盘的根目录下新建一个文件夹，文件夹的名称为"姓名+专业"。将素材文件"CAD2017\PZ3\CADST13-3.dwg"复制到用户新建文件夹中，并在文件夹中打开该文件，原图如图 13-3（a）所示。

（2）图形编辑：

● 采用"修剪"命令对横线进行修剪。

● 采用"阵列"命令使上部的双圆环按夹角为 60°对称布置；将小圆 I 在整个圆周上布置 20

个；对修剪后的横线在半圆周上均布排列 9 个。

● 采用"修剪"和"删除"命令，将多余的曲线裁减掉，并删除字母 I。

（3）属性设置。

● 将外轮廓线和内圈线均设置为"1.5mm"的多段线，并将其合并为一条线。

● 建立新图层，图层名称为"中心线"，颜色为"蓝色"，线型为"CENTER"，线宽为"0.2"，将所有的中心线编辑在此图层上。改变线型比例，由"1:1"改为"2:1"。

● 新建图层，图层名称为"外轮廓线"，颜色为"黑/白色"，线型为"Continunous"，线宽为默认。将外轮廓线编辑在此图层上。

● 新建图层，图层名称为"内轮廓线"，颜色为"红色"，线型为"Continunous"，线宽为默认。将内轮廓线编辑在此图层上。

完成的效果图如图 13-3（b）所示。不标注尺寸。

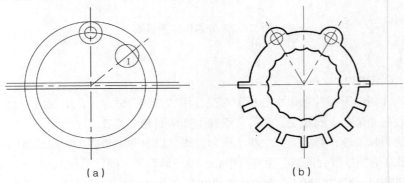

（a）　　　　　　　　　　　　　　　（b）

图 13-3　专题训练图形 5

（4）保存文件：将完成的图形以"全部缩放"的形式显示，并以"KSCAD13-3.dwg"为文件名保存在上述新建的文件夹中。

【本题解析】

（1）打开"CADST13-3.dwg"文件。

（2）修剪右边两圆和两条水平线，并做环形阵列，项目总数 9，阵列角度-180°，修剪、删除多余外圆和多余直线。

删除和圆 I 相交的直线及字母 I；将圆 I 以大圆圆心为阵列中心，环形阵列（AR），项目总数 2，阵列角度 18°；重复环形阵列（AR），项目总数 2，阵列角度-18°；以阵列后三个圆为基准，修剪出一段圆弧，删除多余圆弧；将修剪后圆弧以大圆圆心为阵列中心，环形阵列（AR），项目总数 20，阵列角度 360°；

将上部两个小圆以大圆圆心为阵列中心，环形阵列 2 个对象，阵列角度 30°，重复环形阵列命令，将这两个圆以大圆圆心为阵列中心，环形阵列 2 个对象，阵列角度-30 度，修剪多余线，用"PE"命令中"J 参数"先合并外轮廓线，后用"参数 W"设定线宽为 1.5。

（3）打开"图层特性管理器"（LA），建立新图层，层名："中心线"，颜色："蓝色"，线型："CENTER"，线宽："0.2"；建立新图层，层名："内轮廓线"，颜色："红色"；建立新图层，层名：

"外轮廓线"；完成后，多段线应用外轮廓线层；内圈圆弧应用内轮廓线层；所有中心线应用中心线层。

命令（LTS）设定线型比例为 2。

（4）实时缩放："实时缩放"命令（Z），"参数 A"。

（5）保存图形："文件"/"另存为"，在弹出对话框中选择"AutoCAD 2017 图形*.dwg"；在文件名中输入："KSCAD13-3"；保存位置：用户新建文件夹。

第14章 精确绘图

专题训练1

【操作要求】

（1）建立文件夹：在 C 盘的根目录下新建一个文件夹，文件夹的名称为"姓名+专业"。

（2）图层设置：建立绘图区域，根据 14-1 所示的图形大小，设置绘图区域为 200 mm×300 mm 的幅面。

- 分别以"门窗"和"墙线"为名称建立两个图层，其中"门窗"图层的颜色为"蓝色"，"墙线"图层的颜色为"黑色"，两图层的线型均为"Continuous"，线宽均为"0.5"，其余参数均为默认值。
- 设置"0"图层的颜色为"白色"，线型为"Continuous"，线宽为"0.3"，其余参数为默认值。

（3）图形绘制：根据图 14-1 所示的尺寸绘制图形，在"墙线"图层绘制墙体，墙宽为"240mm"；在"门窗"图层上绘制门窗；在"0"图层上绘制其他实体。

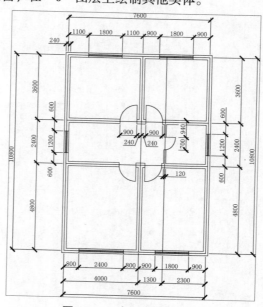

图 14-1 专题训练图形 6

（4）属性设置：显示所绘制的图形的"线宽"。

（5）绘图比例：绘图比例设置为"1：100"（不标注尺寸）。绘图和编辑方法不限，使用的辅助线在完成绘图后要删除。

（6）保存文件：将完成的图形以"全部缩放"的形式显示，并以"KSCAD14-1.dwg"为文件名保存在上述新建的文件夹中。

【本题解析】

（1）图形界限设置：

```
Limits
左下角点坐标输入 0，0
右上角点坐标输入 200，300
Zoom
A
```

（2）图层设置：打开"图层特性管理器"（LA），建立新图层，层名："墙线"，线宽："0.5"；建立新图层，层名："门窗"，颜色："蓝色"，线宽："0.5"；更改 0 层的线宽为："0.3"；

（3）绘制轴网：

"矩形"命令（REC），起始点："50，100"、第二点："@7600，10800"；"偏移"命令（O），向外偏移距离"400"；将内部矩形"分解"（X），利用"延伸"命令（EX），对象选择：不选，直接回车，通过分别单击直线不同部位使得内部直线和外圈矩形相交；删除外圈矩形；利用"偏移"命令（O），将底部水平线向上偏移"4800"，将顶部水平线向下偏移"3600"，将左边垂线向右偏移"4000"，将右边垂线向左偏移"1800"；完成轴网绘制。

（4）绘制墙体：将当前图层设为"墙线"层；"格式"/"多线样式"，单击"修改"按钮，勾选直线的起点、端点（目的是将端口闭合，形成封闭的多段线）；"多线"命令（ML）"参数 S"设定比例"240"（墙宽多少，S 就设多少），"参数 J"设定对正：输入"Z"（有轴网时，对正方式为无），起点："50，100"（左下交点），分别单击外圈四个交点绕一圈，完成后双击多线，选择"角点结合"，分别单击相交多线的两边，处理左下角相交的多线；"多线"命令（ML），起点："50，4900"，鼠标拉出水平向右方向（→），输入："2860"；重复"多线"命令（ML），起点："3810，4900"，鼠标拉出水平向右方向（→），输入："480"；重复"多线"命令（ML），起点："4290，4900"、鼠标拉出水平向右方向，输入："7650，4900"；重复"多线"命令（ML），起点："4050，4900"，鼠标拉出垂直向下方向，输入："4800"，上面内部墙体用同样方法绘制。

右边的一小段半墙画法："多线"命令（ML），"参数 S"设定比例为"120"，起点："5350，4900"、鼠标拉出垂直向上方向，输入："760"；重复"多线"命令（ML），起点："5350，7300"，鼠标拉出垂直向下方向，输入："940"。

完成后，双击多线，单击"T 形合并"先选择 T 形的垂直多线，再选择 T 形的水平多线处理各部位 T 形多线；完成墙体绘制。

（5）绘制门窗：将当前图层设为"门窗"层。

① 绘制门："直线"命令（L），起点："3810，4900"，鼠标拉出垂直向下方向，输入"900"；

"圆弧"命令（A），"参数 C"设定圆心："3810，4900"、圆弧起点："2910，4900"、端点：直线下边端点；右边门可以用左边门做镜像；上方门可以用下方两个门向上做镜像。

②绘制窗："多线"命令（ML），"参数 S"设定比例为"240"、起点："50，5500"，鼠标拉出垂直向上方向，在键盘输入"1200"；"分解"命令（X），将多线分解成单线；"偏移"命令（O），将右边直线向左偏移"80"、将左边直线向右偏移"80"。

完成窗户的绘制后，将窗户建成块，做法："创建块"命令（B），块名："C1200"，对象：选择构成窗户的 6 条线，插入点：捕捉窗户和轴线相交的交点。

其他几个窗户用插入块方法绘制：

"插入块"命令（I），名称：选择 C1200，插入点坐标："X = 7650，Y = 5500"；

重复"插入块"命令（I），名称：选择 C1200，插入点坐标："X = 850，Y = 100"，缩放比例：在 Y 中输入"2"，旋转："-90"。

重复"插入块"命令（I），名称：选择 C1200，插入点坐标："X =1150，Y = 10900"，缩放比例：在 Y 中输入"2"，旋转："-90"。

重复"插入块"命令（I），名称：选择 C1200，插入点坐标："X = 4950，Y = 100"，缩放比例：在 Y 中输入"18/12"、旋转："-90"。

重复"插入块"命令（I），名称：选择 C1200，插入点坐标："X = 4950，Y = 10900"，缩放比例：在 Y 中输入"18/12"、旋转："-90"。

绘完窗户后，利用修剪命令对墙体和窗户进行处理："修剪"命令（TR），选择对象：不选，直接回车，"参数 F"（栏选），鼠标在屏幕上单击两点拉出一条线和窗户四条长线相交，单击"确定"；完成后输入"参数 F"（栏选），鼠标在屏幕上单击两点拉出一条线和第二个窗户四条长线相交，单击"确定"；以此类推，完成 6 个窗户和墙体的修剪。

（6）缩放："缩放"命令（SC），对象：选择所有图形，基点："50，100"、比例："0.01"。

（7）实时缩放："实时缩放"命令（Z），"参数 A"。

（8）保存图形："文件" / "另存为"，在弹出对话框中选择"AutoCAD 2017 图形*.dwg"；在文件名中输入："KSCAD14-1"；保存位置：用户新建文件夹。

专题训练 2

【操作要求】

（1）建立文件夹：在 C 盘的根目录下新建一个文件夹，文件夹的名称为"姓名+专业"。

（2）图层设置：建立绘图区域，根据图 14-2 所示的图形大小，设置绘图区域为 400 mm × 800 mm 幅面。

- 分别以"wall"、"door"和"DOTE"为名称建立三个图层，其中"wall"图层的颜色为"白色"，线型为"Continuous"，线宽为"0.5mm"；"door"图层的颜色为"青色"，线型为"Continuous"，线宽为"0.5mm"；"DOTE"图层的颜色为"红色"，线型为"DASHDOT"，线宽为"0.5mm"，其余参数均为默认值。

● 设置"0"图层的颜色为"黑色",线型为"Continuous",线宽为"0.3",其余参数为默认值。

（3）图形绘制：根据图 14-2 所示的尺寸绘制图形,在"wall"图层绘制墙体,在"door"图层上绘制门,在"DOTE"图层绘制墙体中线,在"0"图层上绘制其他实体。

（4）属性设置：在图中将主要线条和结构表示出来。显示所绘制的图形的"线宽"。图中的器具采用示意图或文字说明表示,不要求详细绘制。

（5）绘图比例：绘图比例设置为"1:100"（不标注尺寸）。绘图和编辑方法不限,使用的辅助线在完成绘图后要删除。

（6）保存文件：将完成的图形以"全部缩放"的形式显示,并以"KSCAD14-2.dwg"为文件名保存在上述新建的文件夹中。

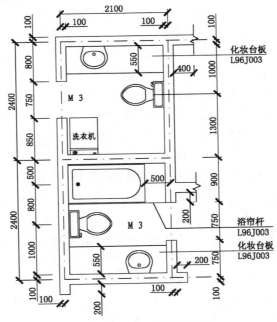

图 14-2　专题训练图形 7

【本题解析】

（1）图形界限设置：

```
Limits
左下角点坐标输入 0，0
右上角点坐标输入 400，800
Zoom
A
```

（2）图层设置：打开"图层特性管理器"（LA）,建立新图层,层名："wall",线宽："0.5";建立图新层,层名："door",颜色："青色",线宽："0.5";建立新图层,层名："DOTE",颜色："红色",线型："DASHDOT",线宽："0.5";更改 0 层的线宽为："0.3"。

（3）绘制轴网：将当前图层设为"DOTE"层；

"矩形"命令（REC），起始点："50，150"，第二点："@2500，5000"；"偏移"命令（O），向外偏移距离"300"；将内部矩形分解（X），利用"延伸"命令（EX），对象选择：不选，直接回车，通过分别单击直线不同部位使得内部直线和外部矩形相交；删除外部矩形；利用"偏移"命令（O），将底部水平线向上偏移"200"，将顶部水平线向下偏移"2400"，将左边垂线向右偏移"2100"，将右边垂线向左偏移"200"，偏移后的线再向左偏移"200"；完成轴网绘制。

（4）绘制墙体：将当前图层设为"墙线"层；

"格式"/"多线样式"，在弹出的对话框中单击"修改"按钮，勾选"直线"的"起点"、"端点"（目的是将端口闭合，形成封闭的多段线）；"多线"命令（ML）"参数 S"设定比例"200"（墙宽多少，S 就设多少），"参数 J"设定对正：输入"Z"（有轴网时，对正方式为无），起点："2550，5150"，鼠标拉出水平向左方向（←），输入"2500"，鼠标拉出垂直向下方向（↓），输入"800"；断开后，重复"ML"命令，起点："50，3600"，↓"3450"；断开后，重复"ML"命令，起点："50，350"，→"2300"；断开后，重复"ML"命令，起点："2150，350"，↑"750"；断开后，重复"ML"命令，起点："2150，1850"，↑"3300"；断开后，重复"ML"命令，起点："2150，2150"，→"400"；断开后，重复"ML"命令，起点："50，2750"，→"2100"；完成后双击多线，单击"T形合并"先选择 T 形的垂直多线，再选择 T 型的水平多线处理各部位 T 形多线；完成墙体绘制。

（5）绘制门：将当前图层设为"door"层；"直线"命令（L），起点："150，4350"，↓"750"；重复"直线"命令（L），起点："2050，1100"，↑"750"。

（6）绘制家具：将当前图层设为"0"层；"直线"命令（L），起点："150，4500"，→"1900"；重复"直线"命令（L），起点："150，1000"，→"1900"；重复"直线"命令（L），起点："2050，1850"，←"1900"；并向上偏移"20"。

按【CTRL+2】键打开设计中心（DesignCenter）；双击弹开窗口中左边的文件夹列表中"DesignCenter"，双击"House Designer.dwg"，双击"块"，双击"浴缸"，在缩放比例的"X"项中输入："1400/1524"，"Y"项中输入："800/914"；在插入点的"X"项中输入："150"，"Y"项中输入："2650"；双击"马桶"在插入点的"X"项中输入："150"，"Y"项中输入："1450"；在旋转中输入：90；重复双击"马桶"在插入点的"X"项中输入："2050"，"Y"项中输入："4050"；在旋转中输入："-90"；双击"Blocks and Tables – Imperial.dwg"，双击"块"，双击"Sink"在缩放比例的"X"项中输入："1/2"，"X"项中输入："3/4"；完成后在大概位置单击即可；同理，插入另一个水池。

（7）缩放："缩放"命令（SC），对象：选择所有图形，基点："50，150"，比例因子："0.01"；更改"线性比例因子"命令（LTS），输入："0.01"；"文字样式"命令（ST），设置字体为"仿宋_GB2312"，字高为"2"、宽度比例"0.7"，利用"单行文本"命令（DT），输入："M3"；复制"M3"双击修改完成其他文字录入；

（8）实时缩放："实时缩放"命令（Z），"参数"A。

（9）保存图形："文件"/"另存为"，在弹出对话框中选择"AutoCAD 2017 图形*.dwg"；在文件名中输入："KSCAD14-2"；保存位置：用户新建文件夹。

专题训练 3

【操作要求】

（1）建立文件夹：在 C 盘的根目录下新建一个文件夹，文件夹的名称为"姓名+专业"。

（2）图层设置：建立绘图区域，根据 14-3 所示的图形大小，设置绘图区域为 A3 幅面。

- 分别以"窗户"和"墙线"为名称建立两个图层，其中"窗户"图层的颜色为"蓝色"，"墙线"图层的颜色为"白色"，两图层的线型均为"Continuous"，线宽均为"0.5"；再建立一个名称为"中线"的图层，颜色为"红色"，线型为"CENTER2"，线宽为"0.5"。
- 设置"0"图层的颜色为"黑色"，线型为"Continuous"，线宽为"0.3"，其余参数为默认值。

（3）图形绘制：根据图 14-3 所示的尺寸绘制图形，在"墙线"图层绘制墙体和楼梯，楼梯间宽为 260mm，墙宽 250mm；在"窗户"图层上绘制门窗；在"中线"图层上绘制墙体中线，在"0"图层上绘制其他实体。

（4）图形属性：设置字体，文本样式名称为"|Font"，字体选用"黑体"，文字高度为"10"。按图 14-3 所示的要求标记出相应的文字。

（5）绘图比例：绘图比例设置为"1:100"（不标注尺寸）。绘图和编辑方法不限，使用的辅助线在完成绘图后要删除。

（6）保存文件：将完成的图形以"全部缩放"的形式显示，并以"KSCAD14-3.dwg"为文件名保存在上述新建的文件夹中。

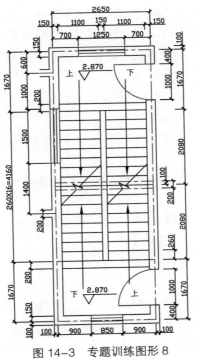

图 14-3　专题训练图形 8

【本题解析】

（1）图形界限设置：按默认设置。

（2）图层设置：打开"图层特性管理器"（LA），建立新图层，层名："墙线"，线宽："0.5"；建立新图层，层名："窗户"、颜色："蓝色"，线宽："0.5"；层名："中线"、颜色："红色"，线型："CENTER2"、线宽："0.5"；更改 0 层的线宽为："0.5"。

（3）绘制轴网：将当前图层设为"中线"层；"直线"命令（L），起始点："-450，150"，→"3650"；重复"直线"命令（L），起始点："50，-350"，↑"8500"；"偏移"命令（O），将水平线向上偏移"7500"，将垂直线向右偏移"2650"；完成后每条线各向内偏移"25"；"直线"命令（L），起点："50，3125"，←"500"；重复"直线"命令（L），起点："50，7025"，←"500"；完成轴网绘制。

（4）绘制墙体：将当前图层设为"墙线"层；"格式"/"多线样式"，在弹出的对话框中单击"修改"按钮，勾选"直线"的"起点"、"端点"（目的是将端口闭合，形成封闭的多段线）；"多线"命令（ML）"参数 S"设定比例"250"（墙宽多少，S 就设多少），"参数 J"设定对正：输入"Z"（有轴网时，对正方式为无），起点："3000，175"，←"2925"，↑"7450"，→"2925"；断开后，重复"ML"命令，起点："2675，7625"，↓"7450"；断开后，重复"ML"命令，起点："50，3125"，←"300"；断开后，重复"ML"命令，起点："50，7025"，←"300"；完成后双击多线，单击"T 形合并"先选择 T 形的垂直多线，再选择 T 形的水平多线处理各部位 T 形多线；完成墙体绘制。

绘制完墙体后删除辅助轴线。

（5）绘制窗：将当前图层设为"窗户"层；"多线"命令（ML），起点："2675，550"，鼠标拉出垂直向上方向，在键盘输入"1000"；"分解"命令（X），将多线分解成单线；"偏移"命令（O），将右边直线向左偏移"80"，将左边直线向右偏移"80"；补两条窗户线。

完成窗户的绘制后，将窗户建成块，做法：创建块命令（B），块名：C1000、对象：选择构成窗户的 6 条线、插入点：捕捉窗户和轴线相交的下方交点；

其他几个窗户用插入块方法绘制：

"复制"命令（CO），对象：选择窗户，基点：在屏幕上任意单击，第二点：鼠标拉出垂直向上方向，在键盘上输入"5700"。

"插入块"命令（I），名称：选择 C1000，插入点坐标："950，175"，缩放比例：在"Y"中输入"850/1000"，旋转："-90"。

"插入块"命令（I），名称：选择 C1000，插入点坐标："750，7625"，缩放比例：在"Y"中输入"1250/1000"，旋转："-90"。

"插入块"命令（I），名称：选择 C1000，插入点坐标："75，4550"，缩放比例：在"Y"中输入"1500/1000"；

绘完窗户后，利用"修剪"命令对墙体和窗户进行处理："修剪"命令（TR），选择对象：不选，直接回车，"参数 F"（栏选），鼠标在屏幕上单击两点拉出一条线和窗户四条长线相交，；完成后输入"参数 F"（栏选），鼠标在屏幕上单击两点拉出一条线和第二个窗户四条长线相交，；以此类推，完成 6 个窗户和墙体的修剪。

（6）绘制楼梯：将当前图层设为"0"层；"直线"命令（L），起点："200，1820"，→"2350"；"矩形阵列"（AR），对象：选择直线、17 行、1 列，行间距："260"；将最上面直线向上偏移"200"；将最下面直线向下偏移"200"；"矩形"命令（REC），左下角点："1300，1820"，右上角点："1450，5980"；修剪矩形中间的线；"直线"命令（L），在矩形中补两条线，并填充"ANSI31"，比例：10。

"多段线"命令（PL），起点："750，6600"，↓"1800"，"参数 W"，起点宽度："200"，端点宽度："0"，↓"400"；"复制"命令（CO），对象：箭头，向右复制"1250"；"镜像"命令（MI），对象：两个箭头、镜像线：捕捉矩形两个中点；在箭头中间手工绘制剖断线，并向右复制"1250"。

（7）缩放："缩放"命令（SC），对象：选择全部对象，基点："50，150"、比例因子："0.01"。

（8）书写文字和绘制标高符号："文字样式"命令（ST），设置字体为"黑体"，字高为"3.5"，宽度比例"0.7"，倾斜角度："15"，利用"单行文本"命令（DT），输入："上"；复制"上"双击修改完成其他文字录入。

绘制标高符号："矩形"命令（REC），"参数 C"设定倒角距离均为"3"，左下角点："60，215"，右上角点："@6，6"；"直线"命令（L），起点：捕捉左边端点，→"15"；"可变文本属性块"命令（ATT），标记：输入"2.870"，对正：中间，确定后在屏幕上先放置文字，再利用移动命令移动到指定位置；完成后复制一份到下面。

（9）实时缩放："实时缩放"命令（Z），"参数 A"。

（10）保存图形："文件"/另存为，在弹出对话框中选择"AutoCAD 2017 图形*.dwg"；在文件名中输入："KSCAD14-3"；保存位置：用户新建文件夹。

第 15 章　尺寸标注与文字

专题训练 1

【操作要求】

（1）建立标注图层：在 C 盘的根目录下新建一个文件夹，文件夹的名称为"姓名+专业"，将素材文件"CAD2017\PZ3\CADST15–1.dwg"复制到用户新建文件夹中，并在文件夹中打开该文件。建立尺寸标注图层，图层名称为"DIM"，颜色为"黑色"，线型为"Continuous"，线宽为默认。

（2）标注样式设置：新建样式名为"标准"的标注样式，文字高度为"150"，字体名为"仿宋_GB2312"，宽度比例为"0.8"，箭头样式为"建筑标记"，大小为"200"，尺寸界线超出尺寸线为"300"，起点偏移量为"50"，文字位置偏移尺寸线为"10"，设置主单位为"整数"。调整为"文字或箭头（最佳效果）"，优化采用"手动放置文字"，其余参数均为默认设置。

（3）文字样式设置：新建样式名为"文字"的文字样式，字体选用"仿宋_GB2312"，字体样式为"常规"，文字高度为"400"，其余参数均为默认设置。

（4）精确标注尺寸与文字：按图 15–1 所示的尺寸与文字要求标注。部分尺寸值需要采用文字标注，并将所有标注编辑在"DIM"图层上。

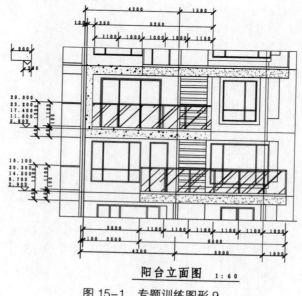

图 15–1　专题训练图形 9

（5）保存文件：将完成的图形以"全部缩放"的形式显示，并以"KSCAD15-1.dwg"为文件名保存在上述新建的文件夹中。

【本题解析】

（1）新建图层。层名："DIM"；并将当前层设为 DIM 层；

（2）文字样式设定："文字样式"命令（ST），设置字体为"仿宋_GB2312"，宽度比例"0.8"，单击"应用"；单击"新建"，新建一个文字样式，样式名为"文字"字体为"仿宋_GB2312"，宽度比例为"1"。

（3）尺寸标注设定。

① 新建标注样式，样式名："标准"（可以不新建，直接用 ISO-25 样式；也可以在 ISO-25 上方点右键，点击重命名，将 ISO-25 更名为"标准"）。

② 根据第五单元总说明进行尺寸标注设定，完成后将全局比例设为 60。

（4）尺寸标注：上方标注"350"是错的，实际测量的是 340；处理方法为：利用"ED"命令，单击"340"标注，删除默认值，在键盘上输入"350"，完成后单击"确定"；如果"ED"命令不能用：单击"340"标注，单击"特性"【CTRL+1】，在文字选项下有一项"文字替代"，在"文字替代"中输入"350"回车即可；

（5）文字标注：文字"阳台立面图"应用"文字"样式，大小为"400"；比例"1：60"的大小为"200"；图名下方的直线设线宽为"0.7"；

（6）标高标注："矩形"命令（REC），"参数 C"设定倒角距离"180，180"，起点：任意，第二点："@360，360"；"直线"命令（L），起点：矩形右边端点，第二点：←"900"；利用"修剪"命令（TR），对象：选择水平直线，将上半部分修剪掉。

将当前文字样式设为"文字"，单行文字命令（DT），字高："150"，输入："29.000"回车，"23.200"回车，"17.400"回车，"11.600"回车，"5.800"回车，再回车一次；完成后，将文字利用"移动"命令（M），移到标高符号上方。

（7）实时缩放："实时缩放"命令（Z），"参数 A"。

（8）保存图形："文件"/"另存为"，在弹出对话框中选择"AutoCAD 2017 图形*.dwg"；在文件名中输入："KSCAD15-1"；保存位置：用户新建文件夹。

专题训练 2

【操作要求】

（1）建立标注图层：在 C 盘的根目录下新建一个文件夹，文件夹的名称为"姓名+专业"，将素材文件"CAD2017\PZ3\CADST15-2.dwg"复制到用户新建文件夹中，并在文件夹中打开该文件。建立尺寸标注图层，图层名称为"DIM"，颜色为"蓝色"，线型为"Continuous"，线宽为默认。

（2）标注样式设置：新建样式名为"标准"的标注样式，文字高度为"100"，字体名为"isocp.shx"，箭头样式为"建筑标记"，大小为"100"，尺寸界线超出尺寸线为"10"，其余参数均默认设置。

（3）文字样式设置：新建样式名为"文字"的文字样式，字体选用"仿宋_GB2312"，字体样式为"常规"，文字高度为"150"，其余参数均为默认设置。

（4）精确标注尺寸与文字：按图 15-2 所示的尺寸与文字要求标注，采用"分解"命令对部分尺寸进行编辑，修改其尺寸值和尺寸线，使其与图示结果相同，并将所有标注编辑在"DIM"图层上。

（5）保存文件：将完成的图形以"全部缩放"的形式显示，并以"KSCAD15-2.dwg"为文件名保存在上述新建的文件夹中。

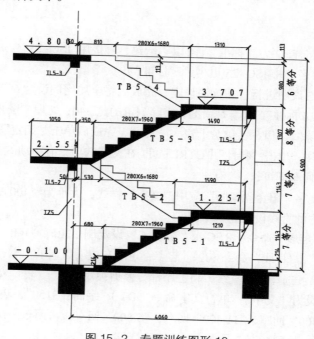

图 15-2　专题训练图形 10

【本题解析】

（1）启动"CADST15-2.dwg"时若弹出找不到"hzdx"字体，可以单击右边"gbcbig"，再单击"确定"（用"gbcbig"字体替代"hzdx"字体）；

（2）新建图层。层名："DIM"，颜色："蓝色"；并将当前层设为 DIM 层；

（3）文字样式设定：

"文字样式"命令（ST），设置字体为"gberon.shx"单击"应用"，单击"新建"，新建一个文字样式，样式名为"文字"字体为"仿宋_GB2312"，单击"应用"。

（4）尺寸标注设定：根据图 15-2 进行尺寸标注设定。

（5）尺寸标注。

"280×6=1680"做法：利用"ED"命令，单击"1680"标注，删除默认值，在键盘上输入"280×6=1680"，完成后单击"确定"；如果"ED"命令不能使用：单击"1680"标注，单击"特性"【CTRL+1】，在文字选项下有一项"文字替代"，在文字替代中输入"280×6=1680"回车即可；

尺寸标注"50"由于位置太小，无法放置在尺寸线中间；这时，可以利用夹持点，将 50 移动到图 15-2 所示位置。

（6）标高标注："矩形"命令（REC），"参数 C"设定倒角距离"150、150"，起点：任意，第二点："@300，300"；"直线"命令（L），起点：矩形右边端点，第二点：←"750"；利用"修剪"命令（TR），对象：选择水平直线，将上半部分修剪掉；利用直线命令在标高三角形下方加一条直线（要注意的是立面图中的标高下方必须要有直线）。

（7）文字标注：文字"6 等分"应用"文字"样式，大小为"150"；在用"DT"命令进行文字录入时，应将旋转角度设为 90°。

（8）实时缩放："实时缩放"命令（Z），"参数 A"。

（9）保存图形："文件"/"另存为"，在弹出对话框中选择"AutoCAD 2017 图形*.dwg"；在文件名中输入："KSCAD15-2"；保存位置：用户新建文件夹。

专题训练 3

【操作要求】

（1）建立标注图层：在 C 盘的根目录下新建一个文件夹，文件夹的名称为"姓名+专业"，将素材文件"CAD2017\PZ3\CADST15-3.dwg"复制到用户新建文件夹中，并在文件夹中打开该文件。建立尺寸标注图层，图层名称为"DIM"，颜色为"绿色"，线型为"Continuous"，线宽为默认。

（2）标注样式设置：新建样式名为"标准"的标注样式，文字高度为"300"，字体名为"gberon.shx"，宽度比例为"1"，箭头样式为"建筑标记"，大小为"100"，尺寸界线超出尺寸线为"10"，其余参数均默认设置。

（3）文字样式设置：新建样式名为"文字"的文字样式，字体选用"仿宋_GB2312"，字体样式为"常规"，文字高度为"500"，宽度比例为"0.7"，其余参数均为默认设置。

（4）精确标注尺寸与文字：按图 15-3 所示的尺寸与文字要求标注，并将所有标注编辑在"DIM"图层上。

（5）保存文件：将完成的图形以"全部缩放"的形式显示，并以"KSCAD15-3.dwg"为文件名保存在用户上述新建的文件夹中。

【本题解析】

（1）启动"CADST15-3.dwg"时若弹出找不到"txt"字体，可以单击"gbcbig"，再单击"确定"（用"gbcbig"字体替代"txt"字体）；

（2）新建图层。层名："DIM"，颜色："绿色"；并将当前层设为"DIM"层；

（3）文字样式设定："文字样式"命令（ST），设置字体为"gberon.shx"，宽度比例："1"，单击"应用"；单击"新建"，新建一个文字样式，样式名为"文字"，字体为"仿宋_GB2312"，宽度比例："0.7"，单击"应用"。

（4）尺寸标注设定：根据题意进行尺寸标注设定。

（5）进行尺寸标注。

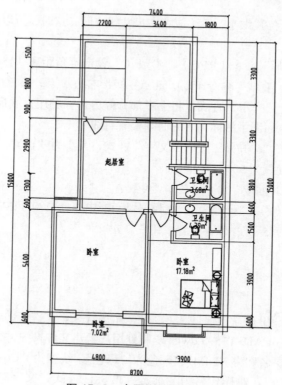

图 15-3　专题训练图形 11

（6）文字标注：中文文字应用"文字"样式、大小为"500"；英文和数字应用"standard"样式；其中㎡标注方法如下：

①　利用"多行文本"命令（MT），用鼠标拉出一个矩形框，在弹出的窗口中设定：文字字体为"gbtron.shx"，大小为"300"，在下方文本框中右击，在弹出的快捷菜单中单击"符号"，再单击"平方"，完成后将多行文本分解（X）变成单行文本。

②　首先确定当前文字样式中的字体是英文字体，如 gbtron.shx；确认后，利用"单行文本"命令（DT），设置文字大小为"300"，在输入文字时，输入"\U+00B2"（字母大小写无所谓）。

（7）实时缩放："实时缩放"命令（Z），"参数 A"。

（8）保存图形："文件"／"另存为"，在弹出对话框中选择"AutoCAD 2017 图形*.dwg"；在文件名中输入："KSCAD15-3"；保存位置：用户新建文件夹。

第16章 文 件 输 出

专题训练 1

【操作要求】

（1）视图设置：在 C 盘的根目录下新建一个文件夹，文件夹的名称为"姓名+专业"，将素材文件"CAD2017\PZ3\CADST16-1.dwg"复制到用户新建文件夹中，并在文件夹中打开该文件。建立视口层，图层名称为"VPORT"，将此图层设为不打印层。

（2）图纸空间设置：激活"布局 1"，进入图纸空间，重命名"布局 1"为"A3"，并对"A3"进行如下设置，打印机选"DWF6 ePlot.pc3"，图纸尺寸选"ISO A3（420×297mm）"，打印样式选"monochrome.ctb"，其他参数均为默认设置。

（3）视图设置：在"A3"中的"VPORT"图层上创建三个视口。将布局改变为"三个：左"，采用"ZOOM"命令按图 16-1 所示的比例依次缩放视图，并按图 16-1 所示的要求放置视图。

（4）保存文件：将完成的图形以"全部缩放"的形式显示，并以"KSCAD16-1.dwg"为文件名保存在用户上述新建的文件夹中。

【本题解析】

打开规定图形后，操作主要分为两部分。一部分是对图纸空间的设定，操作方法如下：

① 鼠标移动到"布局 1"上方，右击，选择"重命名"，根据题目要求命名成规定名字。

② 重复将鼠标移动到"布局 1"上方，右击，选择"页面设置管理器"／"修改"，在弹出的对话框中将"打印机/绘图仪"名称设置为："DWF6 ePLOT.pc3"，将"图纸尺寸"设置为："ISO A3（420×297）"，将"打印样式表（笔指定）"设置为："monochrome.ctb"；完成后单击"确定"；完成"图纸空间"设定。

第二部分是对视图处理，其操作方法如下：

① 删除默认视图。

② "视图"／"视口"/根据题目要求单击相应数量视口（本题为三个视口）/视口排列方式："左 L、布满"。

③ 分别双击视口，ZOOM 命令，参数 S 设定比例；完成后根据样图在相应窗口中显示规定图形，如果其他图形会干扰显示内容，可以利用"移动"命令（M）将干扰图形移走。

最后，保存图形："文件"／"另存为"，在弹出对话框中选择"AutoCAD 2017 图形*.dwg"；

在文件名中输入："KSCAD16-1"；保存位置：新建文件夹。

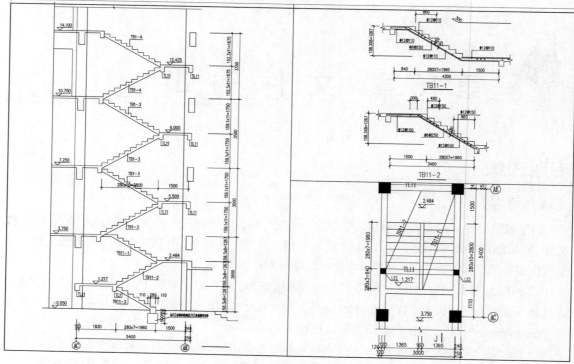

图 16-1　专题训练图形 12

专题训练 2

【操作要求】

（1）视图设置：在 C 盘的根目录下新建一个文件夹，文件夹的名称为"姓名+专业"，将素材文件"CAD2017\PZ3\CADST16-2.dwg"复制到用户新建文件夹中，并在文件夹中打开该文件。建立视口层，图层名称为"VPORT"，将此图层设为不打印层。

（2）图纸空间设置：激活"布局 1"，进入图纸空间，重命名"布局 1"为"A1"，并对"A1"进行如下设置，打印机选"DWF6 ePlot.pc3"，图纸尺寸选"ISO A3（420×297mm）"，打印样式选"monochrome.ctb"，其他参数均为默认设置。

（3）视图设置：在"A1"中的"VPORT"图层上创建三个视口。将布局改变为"三个：左"，采用"ZOOM"命令按图 16-2 所示的比例依次缩放视图，并按图中的要求放置视图。

（4）保存文件：将完成的图形以"全部缩放"的形式显示，并以"KSCAD16-2.dwg"为文件名保存在上述新建的文件夹中。

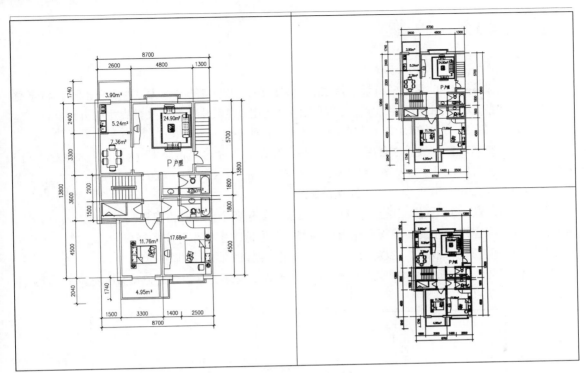

图 16-2 专题训练图形 13

【本题解析】

本题操作与上题相似，打开规定图形后，操作主要分为两部分。一块是对图纸空间的设定，操作方法如下：

① 鼠标移动到"布局 1"上方，右击，选择"重命名"，根据题目要求命名成规定名字。

② 重复鼠标移动到"布局 1"上方，右击，选择"页面设置管理器"→"修改"，在弹出对话框中将"打印机/绘图仪"名称设置为："DWF6 ePLOT.pc3"，将"图纸尺寸"设置为："ISO A3（420×297）"，将"打印样式表（笔指定）"设置为："monochrome.ctb"；完成后单击"确定"；完成"图纸空间"设定。

第二部分是对视图处理，其操作方法如下：

① 删除默认视图。

② "视图"菜单/"视口"/根据题目要求单击相应数量视口（本题为三个视口）/视口排列方式："左 L、布满"。

③ 分别双击视口，ZOOM 命令，参数 S 设定比例；完成后根据样图在相应窗口中显示规定图形，如果其他图形会干扰显示内容，可以利用"移动"命令（M）将干扰图形移走。

最后，保存图形："文件"/"另存为"，在弹出对话框中选择"AutoCAD 2017 图形*.dwg"；在文件名中输入："KSCAD16-2"；保存位置：新建文件夹。

专题训练 3

【操作要求】

（1）视图设置：在 C 盘的根目录下新建一个文件夹，文件夹的名称为"姓名+专业"，将素材文件"CAD2017\PZ3\CADST16-3.dwg"复制到用户新建文件夹中，并在文件夹中打开该文件。建立视口层，图层名称为"VPORT"，将此图层设为不打印层。

（2）图纸空间设置：激活"布局 1"，进入图纸空间，重命名"布局 1"为"A1"，并对"A1"进行如下设置，打印机选"DWF6 ePlot.pc3"，图纸尺寸选"ISO A3（420×297mm）"，打印样式选"monochrome.ctb"，其他参数均为默认设置。

（3）视图设置：在"A1"中的"VPORT"图层上创建四个视口。将布局改变为"四个：相等"，四个视口依次为主视、左视、俯视和东南等轴测，图形依次生成在对应的视口中，视口比例及图形布置如图 16-3 所示。采用"ZOOM"命令依次按各视口中的比例缩放视图。

（4）保存文件：将完成的图形以"全部缩放"的形式显示，并以"KSCAD16-3.dwg"为文件名保存在上述新建的文件夹中。

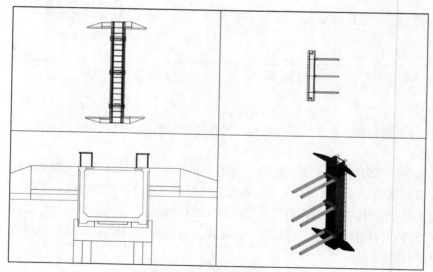

图 16-3　专题训练图形 14

【本题解析】

本题操作与上题相似，打开规定图形后，操作主要分为两部分。一部分是对图纸空间的设定，操作方法如下：

① 鼠标移动到"布局 1"上方，右击，选择"重命名"，根据题目要求命名成规定名字。

② 重复鼠标移动到"布局 1"上方，右击，选择"页面设置管理器"→"修改"，在弹出对话框中：将"打印机/绘图仪"名称设置为："DWF6 ePLOT.pc3"，将"图纸尺寸"设置为："ISO A3（420×297）"，将"打印样式表（笔指定）"设置为："monochrome.ctb"；完成后单击"确定"；完成"图纸空间"设定。

第二部分是对视图进行处理，其操作方法如下：

① 删除默认视图。

② "视图"菜单/视口/根据题目要求单击相应数量视口（本题为四个视口）/视口排列方式："四个、布满"。

③ 调出"视图"工具栏，根据题意依次对四个视口进行主视、左视、俯视和东南等轴测设置。

④ 分别双击视口，ZOOM 命令，参数 S 设定比例；完成后根据样图在相应窗口中显示规定图形，如果其他图形会干扰显示内容，可以利用移动命令（M）将干扰图形移走。

最后，保存图形："文件" / "另存为"，在弹出对话框中选择 "AutoCAD 2017 图形*.dwg"；在文件名中输入："KSCAD16-3"；保存位置：用户新建文件夹。

参 考 文 献

[1] 郭静.AutoCAD 2017 基础教程[M]. 清华大学出版社，2017.

[2] 汪立军. 计算机辅助设计(CAD)项目化教程[M]. 中国环境出版社，2016.

[3] 国家职业技能鉴定专家委员会，计算机专业委员会. AutoCAD2007 试题汇编[M]. 北京希望电子出版社，2011.

[4] 李善锋，孙志刚.计算机辅助设计——AutoCAD 2012 中文版基础教程[M]. 2 版. 人民邮电出版社，2013.

[5] 白春红，雷玉梅，王东. 计算机辅助设计—AutoCAD 教程[M]. 清华大学出版社，2013.